KB093745

경북의 종가문화 17

영남을 넘어,
상주 우복 정경세 종가

경북의 종가문화 17

영남을 넘어,
상주 우복 정경세 종가

기획 | 경상북도 · 경북대학교 영남문화연구원
지은이 | 정우락
펴낸이 | 오정혜
펴낸곳 | 예문서원

편집 | 유미희
디자인 | 김세연
인쇄 및 제본 | 주) 상지사 P&B

초판 1쇄 | 2013년 1월 14일

주소 | 서울시 성북구 안암동 4가 41-10 건양빌딩 4층
출판등록 | 1993. 1. 7 제6-0130호
전화 | 925-5914 / 팩스 | 929-2285
홈페이지 | http://www.yemoon.com
이메일 | yemoonsw@empas.com

ISBN 978-89-7646-295-4 04980
ISBN 978-89-7646-288-6(전8권)
ⓒ 경상북도 2013 Printed in Seoul, Korea

값 23,000원

경북의 종가문화 17

영남을 넘어,
상주 우복 정경세 종가

정우락 지음

예문서원

경북대 야외박물관에는 석탑과 부도와 함께 문인석과 비석 등 다양한 석조유물들이 전시되어 있다. 이들 유물 사이를 거닐며 고전문화를 조용히 음미하는 것은 내가 경북대학교에서 교수 생활을 하는 가운데 빼놓을 수 없는 즐거움이다. 고려시대에 조성된 보물급 부도가 있는가 하면, 『삼국유사』를 쓴 일연—然이 육안으로 보았을 인흥사의 삼층석탑도 있다. 수많은 문인석은 굳게 입을 다물고 있지만, 그들 역시 반짝이는 언어들로 구성된 따뜻한 마음을 우리에게 전한다.

나는 대구도호부사大丘都護府使 우복정선생영세불망비愚伏鄭先生永世不忘碑 앞에 멈추어 선다. 아래쪽에는 부러져서 붙인 흔적이 역력하고, 비의 뒷면에는 선정의 내용이 새겨져 있으나 심하게 마모되었다. 이 비는 우복愚伏 정경세鄭經世가 1607년(선조 40)에 대구도호부사를 재임할 때 수성들판의 가뭄을 해소하기 위해 못(屯洞堤)을 만들어 백성들의 숙원을 풀어 주었기 때문에, 대구 사람들이 이를 기려 1670년(현종 11) 10월에 세운 것이다.

비는 원래 못의 언덕에 세워졌다고 한다. 그러나 1970년대에 이르러 도시계획에 따라 이 못을 메우고 아파트를 세웠다. 지금의 대구시 지산동 녹원맨션 자리다. 우복의 불망비는 부러진 채 방치되어 오다가, 1985년 후손에 의해 지금의 자리로 옮겨지게 된다. 이렇게 해서 우복은 경북대와 인연을 맺게 되었던 것이다. 대구에는 이 비와 유사한 것이 하나 더 있다. 1992년 7월에 경북대의 것을 본으로 하여 대구향교에 만들어 세웠다가, 우복이 대구부사였던 사정을 고려해 1999년에 경상감영공원으로 이건한 것이 그것이다.

정조는 영남을 대표하는 인물로 아홉을 거명하였는데, 그 가운데 한 사람으로 우복을 들었다. 그 아홉은 함양의 일두 정여창, 김천의 매계 조위, 안동의 충재 권벌, 경주의 회재 이언적, 예안의 퇴계 이황, 진주의 남명 조식, 성주의 한강 정구, 상주의 우복 정경세, 인동의 여헌 장현광이다. 이 평가가 불변의 척도가 될 수는 없겠지만, 적어도 우복이 영남에서 빼놓을 수 없는 높은 위상을 가진 인물임을 이로써 충분히 알 수 있다.

우복은 서애 류성룡의 대표적인 제자로 퇴계학통을 잇는다. 그러나 우복은 이 같은 측면을 지나치게 강조하며 스스로를 영남에만 고립시키지 않았다. 학문적으로는 사계 김장생과 예설에 관한 논의를 깊이 있게 해 갔으며, 혈연적으로는 노론의 영수인 동춘당 송준길을 사위로 맞아 당파를 초월하였기 때문이다. 이 것은 남인이 영남에서 고립되어 가던 당대의 상황을 고려할 때 특기하지 않을 수 없는 부분이다. 이러한 사실을 염두에 두었으므로, 나는 이 책의 부제를 '영남을 넘어' 라고 하였다.

'영남을 넘어' 라는 말은 우복 후손들의 환로문제나 우복종가의 성장을 이해하는 데 있어 매우 중요하다. 이것은 상주라는 지역이 갖는 지리적 특징과도 관련이 있다. 이른바 강안학江岸學적 시각이 작용한 것이다. 강안학은 낙동강 연안지역의 학문을 의미하는 것으로, 회통성을 중요한 특징으로 한다. 상하로는 영남학과 기호학이 만나고, 좌우로는 퇴계학과 남명학이 만나기 때문이다.

상주의 옛 이름은 상락上洛이다. 낙동강이 여기서 이름을 얻어 비로소 시작되기 때문이다. 대원군의 서원훼철령에서 제외된 47개의 서원 가운데 동춘당 송준길을 모신 흥암서원興巖書院이 상주에 있게 된 것도 강안학적 시각에서 이해할 수 있다. 남명 조식의 제자 서계 김담수가 만년에 상주로 이거하면서 퇴계학과 남명학을 회통해 가던 것도 같은 시각에서 이해된다. 그는 월천 조목 등 다양한 퇴계학파의 지식인들과 교유하였는데, 현재 상주의 낙암서원洛嵒書院에 제향되어 있다.

우복은 서애학통이라는 영남 남인의 구심력을 강력히 확보하고 있으면서도 영남을 넘어 기호지역 쪽으로 원심력을 키워 갔다. 영남을 새롭게 읽는 지점이 여기서 비로소 열린다. 우복의 6대손 입재 정종로가 나타나면서 퇴계학통의 견고한 계승을 보이는 한편, 우복종가는 우복을 포함하여 4명이나 되는 문과급제자를 낸다. 우리는 여기서 우복가가 학문과 사환을 동시에 성취하고 있다는 것을 충분히 알게 된다. 이 역시 우복종가를 이해하는 중요한 요소이다.

1750년(영조 26) 조정으로부터 지금 종가가 있는 우산 일대에 사패지賜牌地가 내려옴에 따라 우복의 후손들은 이곳으로 생활의 거점을 옮긴다. 우복종가를 의미하는 '칠리강산七里江山'은 이렇게 해서 만들어진다. 이곳에 가면 우복의 기침소리가 들리는 듯한 계정, 입재가 올라가 그윽한 눈길로 풍광을 보았을 대산루, 우복과 입재를 모신 우산서원, 종손 정춘목 씨가 두 불천위를 기리며 살아가는 종택이 있다.

이 책은 강안학적 관점을 갖고 우복종가의 문화를 비교적 평이하게 쓴 글이다. 어려운 그의 사유체계 등을 구체적으로 들여다보고자 하기보다는 우복이 우산동천에 들어가 만났던 자연, 혹은 그의 삶의 자세 등에 주목하며 서술하였다. 우복종가가 성립

되면서 종손들은 우복을 어떤 방식으로 기념하며, 지금의 우복 종손은 또 무슨 생각을 하면서 우복가를 지켜나가고 있는가 하는 것도 함께 다루었다.

이 책은 모두 여섯 장으로 이루어져 있다. 제1장에서는 우복 종가의 형성 경위와 함께 그 주변의 문화 경관으로는 어떠한 것이 있는지를 주로 다루었고, 제2장에서는 우복종가를 있게 한 불천위 우복 정경세에 집중하였다. 즉 그의 삶에 나타나는 특징과 함께, 그 스스로 자신의 내면을 어떻게 가다듬어 갔고, 최초의 민간의료원인 '존애원'을 설립하면서 그가 사회적 역할을 어떻게 수행해 갔으며, 나아가 관료로서 민족현실을 어떻게 보았는가 하는 문제를 두루 다루었다.

제3장에서는 우복 종손의 계보를 제시하여 이들이 어떻게 대를 이루며 살아왔으며, 대표적인 종손은 또한 어떤 사람이 있고 이들이 자신의 가문과 지역사회를 위해서 무슨 일을 하였던가 하는 부분을 기술하였다. 그리고 여기서 동춘당 송준길을 사위로 맞는 과정에 관한 재미있는 설화도 소개하였다. 우복의 종손들은 대수를 거듭하면서 많은 유품과 문헌을 남긴다. 이 부분에 대해서는 제4장에서 다루어 우복가에 짙게 배여 있는 문자향을 이해할 수 있도록 했다.

제5장에서는 우복을 추억하고 기념하는 대표적인 형식인 제례와 이를 위한 공간인 건축물 등을 조사하고 소개하였다. 여기

서 우리는 우복종가가 지닌 문화적 특성이 영남적 보편성과 우복가의 특수성을 함께 지니고 있었던 점을 확인할 수 있다. 그리고 제6장에서는 오늘날 우복가를 지켜가고 있는 사람인 14대 종부 예안이씨와 15대 종손 정춘목 씨를 만나 그동안 살아온 내력을 진솔하게 들어 보았다.

지난해 나는 『영남의 큰집, 안동 퇴계 이황 종가』(경상북도·경북대 영남문화연구원)를 쓴 바 있다. 퇴계종가를 중심으로 '영남의 큰집'을 먼저 쓰고, 이어서 우복종가를 중심으로 '영남을 넘어'를 쓰게 되었다. 나로서는 참으로 의미 있는 일이라 하지 않을 수 없다. 또한 지금의 퇴계 종손 이근필 씨와 우복의 종녀 진주정씨가 혼인하였으니, 혼맥상으로도 깊게 연계되어 있어 두 종가를 일정한 연계선상에서 이해할 수 있는 갑절의 의미가 있다.

이 책은 지난해와 마찬가지로 경상북도의 지원으로 이루어졌다. 경상북도는 우리 지역의 전통문화를 이루는 중요한 요소로 종가를 주목하고 이와 관련한 다양한 사업을 벌인다. 그 가운데 경상북도의 주요 종가를 소개하고 영상물을 만드는 사업을 구상하였다. 그 일환으로 이 책이 쓰이게 된 것이다. 나는 이 사업의 연구책임자로서 과분한 영광과 막중한 책임감을 동시에 느낀다. 개인적으로는 영남 종가의 현재와 미래를 이 사업을 통해 알 수 있는 중요한 계기가 되었다.

이 책을 쓰는 데는 여러 분의 도움이 필요했다. 혼자의 몸으로 오랫동안 우복종가를 지켜 온 14대 종부 예안이씨와 건실하게 우복 선조를 닮아가고자 하는 15대 종손 정춘목 씨, 이분들은 우리의 인터뷰에 적극적으로 응하면서 진솔한 이야기를 들려주었다. 우복의 14대손이자 대구교육대학교 총장을 역임한 정관 교수께서는 불편한 눈을 어루만지며 나의 거친 원고를 꼼꼼히 다듬어 주셨다. 이분들께 무어라 감사의 말씀을 올려야 할지 모르겠다.

그리고 한국학중앙연구원의 김학수 선생은 자신이 공부한 논고와 우복 관련 자료를 제공함으로써 나의 글쓰기에 적극 협조하였다. 경북대 영남문화연구원의 종가연구팀 역시 다양한 자료를 제공하는 도움을 주었다. 이 자리를 빌려 고마움을 표한다. 특히 우리 종가연구팀은 나와 동고동락을 같이 하지만, 영남의 종가문화에 남다른 애착을 갖고 한서寒暑와 원근遠近에 상관없이 다양한 자료를 수집하며 연구의 토대를 구축해 나간다. 격려할 만한 일이다.

나는 여기서 우복의 「우암설愚巖說」을 다시 생각한다. 우복은 우산동천의 다양한 경물들을 명명하고 마지막으로 하나의 못생긴 바위에 '우암'이라는 이름을 붙인다. 거센 황톳물이 아무리 그에게 부딪치더라도 바위는 바보처럼 버티고 서 있다. 우복은 이 바위를 통해 자신이 어떤 사람이며, 어떤 사람으로 살아가야 하는가 하는 문제를 명료하게 말하고자 했다. 나는 이 글을 통해 바보 같지만 굳은 의지로 살아가는 우복의 빛나는 지혜를 발견할 수 있었다.

　우복천이 흐른다. 그 속에 우복이 자신과 동일시한 우암이 버티고 있다. 바깥으로 보아 미련하지만 안으로 형형한 빛을 감추고 있는 그런 바위! 우리 시대에는 과연 미련한 바위를 가슴속에 지니고 사는 자 없는가. 안으로 자아를 굳건히 지키면서도 보다 넓은 세계를 회통해 나가고자 하는 그런 사람 말이다. 우리는 여기서 비로소 진정한 아름다움은 바깥으로 잘 드러나지 않는다는 것을 알게 된다.

2012년 6월 30일
정우락

차례

제1장 우복종가의 문화 경관

1. 우복종가의 형성 경위

　　종가宗家나 종교宗教의 '종宗'은 마루를 뜻한다. 이 마루는
꼭대기이며 시원始原이며 근본이다. 용마루나 산마루라는 용어
에서도 알 수 있듯이 마루는 어떤 일의 출발점이면서 가장 높은
곳을 의미한다. 파도가 일 때 치솟은 물결의 꼭대기 역시 마루이
니 같은 맥락에서 이해된다. 이 때문에 종가는 드러난 조상을 마
루로 삼아 혈통적 정신적 동질감을 갖는 집을 뜻한다. 종손은 그
마루의 종통宗統을 잇는 적장자嫡長子다.

　　종가에는 불천위不遷位, 또는 부조不祧로 정해진 인물을 반드
시 모시고 있다. 물론 시대적 환경이나 가문의 사정에 따라 유림
에서 모시는 유림 혹은 향불천위, 문중에서 모시는 사私불천위가

있다. 그러나 엄밀한 의미에서 종가는 조정으로부터 시호諡號를 받은 불천위 인물을 모시는 가문에서 적장자로 계승된 집을 뜻한다. 우리가 함께 찾아가고자 하는 우복愚伏 정경세鄭經世(1563~1633) 종가는 이러한 '엄밀한 의미'에 해당하는 대표적인 국불천위 종가이다.

경상북도 상주시 외서면 우산리. 독가촌獨家村의 형태로 되어 있는 진주정씨 우복종택이 있는 곳이다. 진주정씨는 진주강씨晉州姜氏, 진주하씨晉州河氏와 함께 '진양삼성晉陽三姓'으로 널리 알려져 있다. 독가촌은 한 집이 한 마을을 이룬 것이라는 뜻이지만, 흔히 집 하나가 외로이 있는 것을 이렇게 말한다. 그러나 원래부터 그런 것은 아니다. 우복종택을 중심으로 약 20여 호가 마을을 이루고 있었는데, 그동안 다른 집은 모두 대처大處로 나가고 1950년대부터 종가만 남게 되었다고 한다. 여기서 불천위를 모신 종손이 지켜가고자 했던 어떤 숭고한 의지를 읽게 된다.

우복종택이 원래 우산리에 있었던 것은 아니다. 이를 알기 위해서 우선 우복의 선대가 언제 상주로 입향을 했는가 하는 문제가 먼저 해결되어야 한다. 동춘당同春堂 송준길宋浚吉(1606~1672)은 이에 대하여, "선생의 휘諱는 경세經世이고, 자字는 경임景任이고, 호號는 우복이다. 9대조 휘 택澤이 판상주목사判尙州牧事로 있다가 떠날 때 아들 하나를 상주에 남겨 두었는데, 그 후손들이 그대로 상주에 살았다"(행장)라고 하였다. 이로 보아 우복의 9대조

정택鄭澤이 상주판관으로 있다가 아들 하나를 여기에 남겨 두었음을 알 수 있는데, 그 아들이 바로 부사府使를 지낸 정의생鄭義生이다.

정의생이 아버지 정택을 배행하여 상주에 왔다가 그대로 남게 된 결정적인 이유는 그가 상주의 호족이었던 상산김씨 김득제金得齊(1315~?)의 딸에게 장가를 들었기 때문이다. 우복의 손자인 정도응이 쓴 「진주정씨가첩晉州鄭氏家牒」에 의하면, 정의생부터 정극공鄭克恭까지 4대가 상주의 서산西山 아래 상신전촌上新田村에 살았다고 한다. 지금의 상주시 공성면功城面의 초오리草梧里와 인창리仁昌里 사이다. 이 마을은 상산김씨들이 집성촌을 이루고 있었으며, 정의생은 당시의 남귀여가혼男歸女家婚의 풍속에 따라 이곳에 살게 되었던 것이다.

『상산김씨세보尙山金氏世譜』에 김득제가 소개되어 있다. 이에 의하면 그는 1363년 고려 공민왕조에 홍건적을 격파하고 경성京城을 수복하는 데 많은 공을 세워 추충분의안사좌명공신推忠奮義安社佐命功臣 1등으로 책훈되어 상산군으로 봉해졌으며 밭 100결과 노비 10구를 하사받았다고 한다. 이후 김득제의 9세손인 김귀영金貴榮은 좌의정에 오르기도 한다. 이로 보아 우복 가문의 발전은 처가 내지 외가의 경제를 기반으로 하여 이루어진 것으로 보인다. 조선시대 선비가들의 기가적起家的 바탕을 고려하면 우복가 역시 이러한 일반적 경향과 맥락을 같이 한다고 하겠다.

상신전촌에 살고 있었던 진주정씨는 정극공의 아들 정번鄭
蕃(1449~1521) 대에 이르면 역시 상주지역인 율리栗里로 이거하게
된다. 1500년대를 전후한 시기로 보이는데, 지금의 상주시 청리
면 소재이다. 집안에서는 그 이유가 정극공의 묘지와 관련이 있
는 것으로 전해진다. 이와 관련하여 우복의 14대손인 정관 교수
는 『우복선생愚伏先生과 우산愚山』에서 흥미로운 이야기를 소개하
고 있다. 다음이 그것이다.

어사공(鄭澤)의 5세손 창신교위(克恭)가 별세했을 때 장지를 구
하지 못해 애를 태우고 있었다. 이때 지나가는 두 스님의 대화
내용을 개울에서 빨래하던 계집종이 듣고 황급히 집으로 달려
와 상주(蕃)에게 전했는데, 그 내용은 "등 너머 명당이 있다"고
말하는 상좌승에게 노승이 천기를 누설한다고 꾸짖으면서 지
나갔다는 것이었다. 이 말을 들은 상주가 버선발로 따라가 길
을 막고 간절히 애걸하여 노승을 모셔다가 명당(공성면 인창리
臥牛形山)에 장례를 치르게 되었다. 이 노승의 말이 장례를 치
른 후 즉시 북쪽 방향 십 리 밖으로 이주해야 하는데, 이렇게
하면 5대 만에 해생亥生(돼지띠)으로 혈식군자血食君子가 태어
날 것이고 이를 시작으로 명현은 세 분이 날 것이며, 이로부터
전 300년은 종파가 흥왕하고, 후 500년은 종파와 지손이 함께
흥왕할 것이라 하였다.

이 이야기는 극처럼 꾸며져 있지만 상주의 인품과 함께 효심이 깊게 내재되어 있다. 특히 계집종이 커다란 역할을 하고 있는데 주인인 정번의 훌륭한 인품 없이는 불가능한 것이기도 하다. 이로 보면 위의 이야기는 정번의 인품과 함께 그의 효심을 바탕으로 한 우복가의 흥왕을 예견한 설화라 하겠다. 노승이 말한 '북쪽 방향 십 리'가 바로 율리이다. 이렇게 율리로 이주한 후, 노승의 말대로 1563년(명종 18)에 우복이 돼지띠로 탄생을 해서, 비로소 800년 발복이 시작되었던 것이다.

율리에 살게 된 우복의 선조들은 대체로 한미하였다. 정번이 수의부위修義副尉를 지냈을 뿐 그의 아들 이하 3대는 모두 벼슬길에 나아가지 못했다. 정번의 아들 계함繼咸(?~1526)은 증좌승지贈左承旨이고, 계함의 아들 은성銀成(1511~1560)은 증이조참판贈吏曹參判이고, 그 아들 여관汝寬(1531~1590)은 증좌찬성贈左贊成인데, 여관의 아들 우복이 귀하게 되면서 모두 은전을 입게 된 것이다. 사정이 이러하나 이들은 모두 문행이 있어 고을에 이름이 드러났다고 한다. 바로 이러한 문행과 음덕이 우복과 같은 명현이 나올 수 있는 든든한 토대가 되었던 것이다.

우복은 율리에서 태어나 이곳에서 유년기와 청년기를 보내지만 중년 이후로는 지금의 종가가 있는 상주시 외서면 우산리에 우거하는 일이 많았다. 우산愚山의 원래 이름은 우북산于北山이다. 송준길이 쓴 「우복정선생연보愚伏鄭先生年譜」에서 "만년에 우

북산于北山 속에 별업別業을 지은 다음 우북于北을 우복愚伏으로 고
치고 이로 호를 삼았다"라고 한 것에서 이러한 사실을 알 수 있
다. 우북산은 이안천利安川의 북쪽에(于北)에 있다고 해서 그렇게
이름하였던 것인데, 이를 '어리석게 엎드려 있다'(愚伏)로 바꾼
것이다. 이에 대하여 우복은 산과 대화를 나누며 다음과 같이 밝
힌 바 있다.

옛 이름은 우북于北, 지금은 우복愚伏,
중간에 늙은 내가 와 살면서 된 것이라네.
신령이 숨고 성인이 살게 되면 이름은 더욱 좋아지니,
산신령은 도리어 이 늙은이 없는 걸 좋아했으리.
舊名于北今愚伏　只爲中間着老夫
靈隱聖居名更好　山英還愛老夫無

어리석은 자 엎드리고 지혜로운 자 웅비하나니,
자연 속의 그윽한 맹세 삼가 어기지 마소.
인정이야 본디 명예를 좋아하지만,
나는 우愚와 지智는 마음속에 두지 않는다오.
愚宜雌伏智雄飛　泉石幽盟慎莫違
自是人情愛名譽　我於愚智沒心機

앞의 작품은 「산에게 묻다」(問山)이고, 뒤의 작품은 「산이 대답하다」(山答)이다. 모두 우복이 40세 되던 해인 1602년(선조 35)에 지은 것이다. 우복은 산에게 우북산于北山을 우복산愚伏山으로 바꾸었던 사실 및 어리석은 자신이 이곳에 숨어 살게 된 사정을 말했다. 산신령은 아마도 자신이 오지 않기를 바랐을 것이라며, 여기 숨어 살아도 괜찮겠느냐고 넌지시 물었다. 이에 산은 대답했다. 자신은 어리석은 사람과 지혜로운 사람을 모두 받아들인다면서, 부디 자연에 숨어서 그윽하게 살겠다는 그 맹세나 저버리지 말기를 당부하였다. 산에게 묻고 산이 대답한 것으로 되어 있지만, 결국은 자신이 묻고 자신이 대답한 것이다. 우복은 자연 속에 숨어 살고자 하는 뜻을 이렇게 문답시問答詩를 통해 스스로에게 다짐하였던 것이다.

나는 '우복'이라는 정경세의 호를 볼 때마다, 후술할 지주砥柱의 의미와 함께 청나라의 서예가인 판교板橋 정섭鄭燮(1693~1765)이 쓴 '난득호도難得糊塗'가 생각난다. "총명난聰明難, 호도난糊塗難, 유총명이전입호도갱난由聰明而轉入糊塗更難, 방일착放一着, 퇴일보退一步, 당하심안當下心安, 비도후래복보야非圖後來福報也"라는 의미라고 스스로 풀이한다. 이것은 "총명하기도 어렵거니와 어수룩하기도 어렵다. 총명한 사람이 어수룩하게 보이는 것은 더욱 어렵다. 하나의 집착에서 한 발짝을 물러나면 바로 마음이 편안할 것이니 도모하지 않아도 나중에 복된 응보가 있을 것이다"라

정섭의 글씨 '난득호도'

는 뜻이다. 이로 보면 우복은 '우북'을 '우복'으로 고쳐 가며 '어리석은 듯 엎드려' 살고자 하였으니 '호도'로 지혜를 감춘 대표적인 인물이 아닌가 한다.

　우복은 우복산 기슭에 정자를 지어 놓고 많은 제자를 기르게 된다. 예컨대, 문인 조희인曺希仁은 여기서 배운 대표적인 제자이다. 그는 "지난날 신축년(1601, 선조 34)과 임인년 사이에는 제가 서책을 싸 들고 우북산장于北山庄으로 찾아가서 가르침을 받았는데, 때때로 회원대懷遠臺 위와 만송주萬松洲 가에서 달빛을 받으며 산보하였고, 갓끈을 씻고 시를 읊으면서 돌아왔습니다"라며 당시를 회고한 바 있는데, 우북산장은 바로 우복이 지은 별장인 계정溪亭을 의미한다. 조희인은 다시 이렇게 이어갔다.

　　그때 선생님께서는 저에게, "학자들의 걱정거리는 다른 사람

에게 보이기 위한 학문만 하고 자신을 닦는 학문은 하지 않는
데 있다. 단지 과거시험을 보기 위해서 공부하는 것이라면 그
만이겠지만, 참으로 옛사람들이 했던 학문에 종사하고자 한다
면『주서朱書』한 질이 바로 그 지남指南이 될 것이다"라고 말
씀하셨는데, 이로써 학문 배울 것에 대하여 권장하셨습니다.
이에 드디어 무신년(1608, 선조 41) 여름에 비로소 학업을 전수
받기 시작하였는데, 선생님께서는 그 당시의 일을 기억하고
계십니까?

　　조희인은 창녕조씨로 그의 형 조우인曹友仁과 함께 매호촌梅
湖村에 살았다. 그는 여기서 우복산으로 우복을 찾아가 학문적 담
론을 나누었던 사실을 기억하며 위와 같은 글을 우복에게 올렸던
것이다. 우복은 바로 이 매호촌에서 생을 마감한다. 만년에 각종
옥사와 연루되면서 삶은 안정적이지 못하였으며, 결국 이들 형제
의 배려를 받으며 매호촌으로 이주하게 되었던 것이다. 위의 자
료에서 보듯이 조희인이 과거 우산을 찾아갔을 때 우복은 그에게
학문은 남에게 알리기 위한 학문인 위인지학爲人之學을 해야 하는
것이 아니라 자신을 수양해 가는 학문인 위기지학爲己之學을 해야
하는 것임을 강조하였고, 그 지남이『주서』라고 하였다.
　　우산에 별장을 짓고 강학활동을 하다가 매호촌에서 생을 마
감하지만, 1750년(영조 26)에 영조가 우복의 덕을 기리기 위하여

그가 독서하던 곳인 우산 기슭에 동서 5리 남북 10리의 사패지賜牌地를 내리면서 사정이 달라지게 되었다. 우복의 후손들은 이를 가리켜 '칠리강산七里江山'이라 부르기도 한다. 따라서 우복의 5대손 정주원鄭冑源(1686~1756) 대에 이르러 고조부 때부터 살아온 청리면 율리를 떠나 외서면 우산으로 옮긴다. 동천의 입구 우뚝 솟은 바위에 '문장공우복정선생별업文莊公愚伏鄭先生別業'이라 새겼다. 우복이 어풍대御風臺라 이름하며 시를 지어 승경을 노래한 바로 그곳이다.

진주정씨 우복가는 그 상대로 거슬러 올라가서 입향조를 만날 수 있다. 정택의 아들 의생이 그이다. 그가 상산김씨가 터전을 잡고 살던 처가 동네인 상신전촌에 살게 되면서 상주 사람이 되었고, 효옹孝翁→걸傑→극공克恭까지 4대가 이곳에 살게 된다. 이 첫째 시대인 상신전촌 시대는 진주정씨 우복 선대가 상주에 정착할 터전을 열심히 닦아 가던 시기였다. 둘째 시대는 율리 시대로, 이후 극공의 아들 번蕃 대에 이르러 청리면 율리로 옮기면서 시작되었다. 여기서 다시 계함繼咸→은성銀成→여관汝寬으로 대를 잇는다. 이들은 각각 우복의 증조부, 조부, 부이다. 우복은 바로 이 율리에서 태어났으니 이 시대는 우복이라는 불천위를 낳게 되는 더없이 중요한 시기였다고 하겠다. 이후 심杺→도응道應→석교錫僑→주원冑源으로 이어진다.

우복가의 셋째 시대는 정주원이 우복이 만년에 은거하던 곳인 우산으로 이거하면서 시작된다. 1750년(영조 26) 조정으로부터 사패지를 하사받았기 때문인데, 이때부터 그의 아들과 손자들이 지금까지 우산리와 그 주변에 세거하게 되었던 것이다. 우산리는 우복과 참으로 인연이 깊다. 우북于北을 우복愚伏으로 바꾸어 자신의 호로 삼았을 뿐만 아니라, 그가 세상을 떠난 후 그 주변이 사패지가 되었고, 또한 그의 후손들이 지금까지 대대로 살고 있기 때문이다. 따라서 우복가의 셋째 시대인 우산 시대는 우복을 기념하고 그리워하면서 살아간 추모의 시대라 할 만하다.

우복종택과 사패지

문장공우복정선생별업 각자

어풍대

2. 우산동천의 자연 경관

    우복종가는 상주시 외서면 우산리의 우복산 기슭에 자리 잡고 있다. 우복산은 속리산의 한 지맥이 동남으로 뻗어 화령을 지나 형성된 산이다. 일찍이 우복이 '어풍대御風臺'라며 시를 지어 노래한 곳에 '문장공우복정선생별업文莊公愚伏鄭先生別業'이라 새겨 놓고 동구로 삼았으며, 그 아래로 이안천利安川이 흐른다. 이 내는 우복천이라 불리기도 하는데, 화북면化北面 동관리東觀里 형제봉과 청계산에서 발원하여 동북으로 우산의 어풍대를 지나 영강潁江을 거쳐 낙동강으로 흘러든다. 고지도에는 이안천이 이천伊川으로 기록되어 있는 것으로 보아, 그 일대를 이천으로 불렀던 사실을 알 수 있다. 종가 앞쪽에는 천마산天馬山(시루봉)이 자리 잡

영남 지도. 우복정 부근(상주박물관)

고 있다. 「연보」 38세조에 다음과 같이 기록되어 있다.

비로소 우복산장愚伏山庄에 터를 잡았다. 시내와 산이 맑고
깊숙하였으며, 상하 10여 리 사이에 깎아지른 듯한 절벽과 감
도는 물이 있고, 깊은 골짜기와 우거진 숲이 있어서 모두 기이
한 경치를 지닌 곳이다. 중년 이후에는 대부분 이곳에 거처하
였다.

1600년(선조 33)의 일이다. 그러나 이곳에 있으면서도 영해부

「우곡잡영이십절」 시판

「우곡잡영이십절」(상주박물관 전시)

사寧海府使를 제수 받아 임소로 가는 등, 자주 들르지는 못하였다. 친구들을 데리고 천석 사이에 잠깐씩 노닐며 자연을 감상할 따름이었다. 우복이 온 가족을 거느리고 우복산장으로 들어온 것은 1602년(40세, 선조 35) 3월이었다. 우복에 터를 잡고 난 2년 뒤의 일이다. 당시의 사실을 「연보」 40세조에서는 "온 가족을 거느리고 우복산장에 들어갔다"라고 하면서, 이때부터 우복이 세상일에는 뜻이 없어 문을 걸어 잠그고 조용히 성현의 글에 침잠하면서 천석 사이를 오가며 일생을 마칠 것처럼 하였다고 한다.

우복은 우산에서 은거하면서 『대학』과 『이소』, 그리고 성리서를 손에서 놓지 않았다. 이뿐만 아니라 주변의 다양한 경관에 대하여 자신의 세계관을 투영하여 이름을 짓기도 한다. 앞에서 말한 '우북于北'을 '우복愚伏'으로 바꾼 것은 말할 것도 없고, 새로 작명한 것도 한둘이 아니다. 「우암설愚巖說」을 지어 "내가 돌에 이름을 붙인 것이 참으로 많다"라고 한 데서 그 단적인 예를 확인할 수 있다. 그의 「우곡잡영이십절愚谷雜詠二十絶」은 거의 대부분이 이렇게 해서 명명命名, 창작創作된 것이다. 우산잡영, 우곡잡영, 우복잡영 등으로 불리는 이 시에는 발문이 붙어 있는데 그 전문은 이렇다.

> 내가 천석泉石을 몹시도 좋아하여 스스로 이곳에다 집을 짓고
> 살면서 날마다 관동冠童 몇 명을 데리고서 기이한 경치를 찾아

다녔는데, 상하上下 십여 리 사이에 있는 깎아지른 절벽과 굽이진 물가와 깊은 골짜기와 깊은 숲에 발길 닿지 않은 곳이 없었다. 이에 바야흐로 흔연히 정취를 얻어서 스스로 이 세상 사이에 그 어느 것도 나의 이 즐거움과는 바꾸지 못할 것이라고 여기면서 장차 이렇게 살면서 늙어 죽을 계획을 하였다. 그런데 한두 해 전부터 내 몸에 질병이 찾아들어 근력이 떨어진 탓에 높은 곳에 올라가고 아름다운 경치를 찾는 흥이 점차 쇠해지는 것을 깨달았다. 그리고 또한 이와 같이 분란하게 보내는 것 역시 뜻을 손상시키기에 충분할 것이라는 생각이 들었다. 이에 다시 문을 닫아걸고 조용히 살면서 심신을 편안하게 하고, 때때로 경전經典을 다시금 찾아 읽으면서 글 뜻을 완미하노라니, 해는 짧고 길은 멀다는 걱정이 들었는바, 지난날에 이른바 즐거움이란 것은 능히 하지 못할 바가 있을 뿐만 아니라, 또한 그렇게 할 겨를도 없었다. 병든 가운데 눈을 감은 채 묵묵히 지난날에 노닐던 곳을 생각해 보다가 절구 20수를 얻어서 벽에다 써 붙여 놓고는 한가한 가운데 누워서 유람하는 흥을 부쳤다.

이 글은 1606년(선조 39) 3월에 쓴 것이니 그가 44세 되던 봄이었다. 당시 그는 석총도인石潨道人이라는 별호를 사용하고 있었다. 이 글에는 그 자신이 우곡20경을 짓는 이유가 분명하게 나와 있다. 일찍이 자연을 즐겨 우산 주위의 기이한 경관을 찾아다녔지만, 이것을 지속할 수 없었다. 그 이유는 두 가지였는데, 하나는 한두 해 전부터 질병이 찾아와 몸에 근력이 떨어졌기 때문이며, 다른 하나는 경전을 읽자니 주위의 경관을 다닐 겨를이 없었기 때문이다. 전자는 신체적 문제라면 후자는 학문적 문제이다. 이 둘을 해결하는 방법으로 집을 나서지 않고 한편으로 독서하면서 다른 한편으로 벽이 붙은 시를 통해 흥취를 느끼고자 하였다.

우복의 우곡20경에 대한 창작 배경을 알아보았으니 이제 우복이 지정한 20경을 구체적으로 살펴볼 차례다. 현재의 우복종가를 둘러싸고 있는 자연 경관을 이로써 가장 잘 이해할 수 있다. 우복의 우곡20경은 우복이 우산 일대를 하나의 이념 공간으로 설정했다는 것을 의미한다. 이에 대해서는 『우복집』과 우복이 직접 쓴 것을 모은 『우복당수간愚伏堂手簡』의 순서가 조금 다르다. 여기서는 뒤의 것을 중심으로 살펴보기로 한다. 여기에는 경관의 명칭과 이렇게 나눈 것에 대한 설명이 보이는데 제시하면 다음과 같다.

〈전10경〉

「서실書室」, 「회원대懷遠臺」, 「오봉당五峯塘」, 「오로대五老臺」, 「상봉대翔鳳臺」, 「오주석鰲柱石」, 「우화암羽化巖」, 「어풍대御風臺」, 「만송주萬松洲」, 「산영담山影潭」

공선봉

― 이상 열 개의 절구는 모두 앉거나 누워서 바라보며 아침저
녁으로 즐기는 것이다.

〈후-10경〉

「계정溪亭」, 「수륜석垂綸石」, 「선암船巖」, 「화서花溆」, 「운금석
雲錦石」, 「쌍벽단雙璧壇」, 「청산촌靑山村」, 「화도암畫圖巖」, 「공
선봉拱仙峯」, 「수회동水回洞」

― 이상 열 개의 절구는 시내를 따라 거슬러 올라가 볼 수 있는
것으로, 그 순서와 거리는 가까운 것은 수백 보 거리이고 먼 것

은 일이 리 혹은 신발과 지팡이를 갖추어 가거나 혹은 지름길로 말을 타고 가거나 해야 하는데 흥이 일어 가면 돌아올 것을 잊어버릴 정도의 승경이다. 계정으로 처음을 삼은 것은 그 걸음을 시작하는 곳을 기록한 것이기 때문이고, 돌아가 쉬는 곳은 오히려 앞 열 개 절구에 있는 서실이다.

이로 보아 생활공간인 '서실' 초당草堂과 수양공간인 '계정' 청간정聽澗亭을 중심에 두고 우산동천을 경영하였던 사실을 알 수 있다. 가까이 있어 집에서 바로 볼 수 있는 것은 전10경이고, 멀리 있어 직접 가서 봐야 하는 것은 후10경이다. 그런데 '계정'은 전10경에 들어가야 하지만 후10경에 두었다. 우복은 이에 대하여 걸음을 처음 시작하는 곳이기 때문이라고 했다. 돌아가 쉴 때는 다시 '서실'이 되는데, 이것은 20경 전체가 시작되는 것이기 때문이다. 우복은 전후 10경을 하나의 통일적 동선 속에서 설계하였던 것이다.

위의 경관 가운데 지금까지 확인 가능한 곳은 '서실'과 '계정'을 비롯해서, '회원대', '어풍대', '만송주 터', '수륜석', '선암', '쌍벽단', '청산촌', '수회동' 등이다. 우복이 세상을 떠난 지 오래되었으나, 그가 육안으로 보았을 자연이 그대로 남아 있어 우리로 하여금 잔잔한 감동을 주기에 충분하다. 이 가운데 몇 편을 제시하며 우복의 생각을 따라가 보자. 먼저 '서실'에 대해서다.

성현께선 가셨지만 책은 그대로 남아 있어,
궁리하여 마음이 융회하게 되면 공효가 나타나리.
책 속의 뜻을 찾아 부지런히 힘을 쏟으며,
윤편이 환공 비웃는 것을 혐의하지 말지라.

聖賢往矣書猶在　　窮到心融卽見功
好向此中勤着力　　莫嫌輪扁笑桓公

「우곡잡영이십절」 중 「서실」(한국학중앙연구원 소장)

전10경 가운데 제1경 「서실書室」이다. 이 서실은 우복이 우산동천에 처음으로 지었던 집이다. 그 이름은 초당草堂이라 하였는데 시성詩聖으로 칭송받는 당나라의 시인 두보杜甫(712~770)를 생각하며 지었다. 이에 대한 자세한 기술은 이 책의 「제5장 우복종가의 제례와 건축문화」를 통해 이루어질 것이다. 이 건물을 짓기 시작한 해는 1600년(선조 33)이고 완공한 해는 1602년(선조 35)이다. 여기서 우복은 세상과 절연하고 고인이 남긴 말을 깊이 새기며 철저히 수양하고자 했다.

우복이 서실에 앉아 책 속에 침잠하고자 했던 이유는 뒤의 두 구에 그대로 나타난다. 즉 책 속의 의미를 부지런히 찾아들어 윤편輪扁이 환공桓公을 비웃은 일도 개의치 말자고 하였던 것이다. 『장자莊子』 「천도天道」에 의하면, 윤편이 글을 읽고 있는 환공을 비웃으며 "임금께서 읽고 계신 것은 옛사람의 찌꺼기일 뿐입니다"라고 했다고 한다. 우복은 이를 인용하면서 동시에 윤편의 말을 무시하려 했다. 책 속에 성현의 찌꺼기가 있는 것이 아니라 진리가 있다고 생각했기 때문이다.

전10경 가운데 제2경은 「회원대懷遠臺」다. 회원대는 종가가 자리한 언덕으로 이안천 건너편에서 종가 쪽으로 볼 때 정면으로 보이는 곳이다. 계정에서 바라보면 동북쪽 산기슭에 위치하고 있으며, 우복이 이곳에서 시내의 못을 굽어보면서 소요한 곳이기도 하다. 「우곡잡영이십절」에서 회원대를 "서실 동북쪽에 기슭에 있는데, 계담溪潭을 굽어볼 수 있다"라고 한 데서 이를 바로 확인할 수 있다. 지금은 높은 바위와 함께, 그 위에 소나무 수십 그루가 자태를 뽐내고 있는 것을 본다. 구체적인 시는 이렇다.

천척이라 높은 바위 위 옥 거문고 끌어안고,

앉아 황제·우순 음악 연주하노라니 날이 저무네.

산은 멀고 물은 길어 사람은 이르지 않지만,

응당 물고기와 새는 내 거문고 소리를 알아주겠지.

嚴臺千尺抱瑤琴　　詠歎黃虞坐暮陰

山遠水長人不到　　只應魚鳥是知音

　　이름을 회원대라고 하였으니, 이곳에서 회포를 심원하게 하
고자 하였으리라. 높은 바위 위에서 옥 거문고를 연주하는데, 그
음악은 황제黃帝 혹은 우순虞舜의 음악이다. 상고의 음악을 이렇
게 표현한 것이다. 『논어論語』「술이述而」편에 의하면 특히 공자
가 좋아한 음악이라는 것을 알 수 있다. "공자가 제齊나라에 있을
때 순임금의 음악인 소악韶樂을 듣고, 이 음악이 너무 좋아 3개월
동안 고기맛을 몰랐다"(子在齊, 聞韶, 三月不知肉味)라고 한 것이 그것
이다. 우복은 이 음악을 연주하며 해가 저물어도 돌아갈 줄을 몰
랐던 것이다.

　　그러나 자신이 연주하는 이곳 회원대는 산이 멀고 물이 길어
오는 사람이 드물다고 했다. 이 때문에 자신의 음악을 알아주는
존재는 물고기와 새들뿐이다. 음악을 알아준다는 것은 마음을
알아준다는 것이다. 백아伯牙와 종자기鍾子期의 지음知音 고사를
원용한 이유도 바로 여기에 있다. 사실 우복이 실제 거문고를 연
주하였는가 하지 않았는가 하는 것은 중요하지 않다. 자연에 숨

어 학문과 심성을 닦는 그 뜻을 물고기와 새가 알아준다고 하여, 세속에서 이룩할 수 없는 경계를 자연스럽게 드러내고 있기 때문이다.

후10경에서 제1경은 「계정溪亭」이다. 우복이 38세(1600년)가 되던 해에 우산으로 들어와 비로소 우산동천을 경영하게 되고, 계정은 그 후 3년 뒤인 41세(1603년)에 세운 것이다. 이때부터 본격적인 독서와 강학이 이루어진 것으로 보인다. 이안천 가에 세워진 계정은 정면 2칸 측면

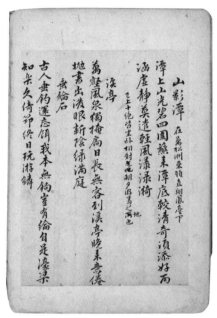

「우곡잡영이십절」 중 「계정」(한국학중앙연구원 소장)

1칸의 목조초가였다. 우리는 여기서 퇴계退溪 이황李滉(1501~1570)의 계당溪堂을 떠올리게 된다. 흔히 계상서당溪上書堂으로 불리는 것으로, 퇴계는 이곳에서 위기지학爲己之學을 하며 독서 강학에 집중하였다. 우복의 「계정」 역시 같은 의미로 이해된다. 구체적인 작품은 다음과 같다.

수많은 골짝의 바람 소리 물소리에 홀로 빗장을 걸어 두니,
날이 다하도록 계정에는 오는 손도 없네.
늙어 가매 게을러져 책을 놓고 밖으로 나가 보니,
눈 가득 들어오는 신록이 뜰 안에 가득하네.
萬壑風泉獨掩扃　日長無客到溪亭
晚來意倦抛書出　潑眼新陰綠滿庭

　　여기서 주목되는 것은 셋째 구의 마지막 글자인 '출出'자이
다. 앞에서 잠시 언급하였거니와, 전10경은 앉거나 누워서 볼 수
있는 경치인데 비해, 후10경은 걸어 다니며 멀리까지 가야 볼 수
있는 경치이다. 우리는 여기서 우복이 비로소 계정에서 나와 인
근의 경치를 보기 위하여 막 떠나는 광경을 볼 수 있다. 빗장을
걸어 둔 채 홀로 살고 있지만, 수많은 골짜기에 펼쳐져 있는 녹음
이 우복을 바깥으로 불러내어 배회하게 하였다. 흥이 있었기 때
문이다.
　　우복을 불러낸 것은 세상이 아니라 녹음 펼쳐진 자연이다.
수많은 골짜기에 바람 소리와 물소리가 들리는 그러한 곳이다.
'해가 길다'(日長), '손님이 없다'(無客)라고 한 데서는 어떤 고독
감마저 느낀다. 안으로는 이 고독이 책을 두고 나갈 수 있게 했
다. 그러나 그가 밖으로 나간 것은 이 같은 고독감 때문이 아니
다. 바람 소리, 물소리가 제시하는 연하煙霞의 흥취가 있었기 때

문이다. 이렇게 움직인 우복, 그의 눈에 가장 먼저 신록이 들어온다. 마지막 구절 첫 자인 '발濊'을 통해 자연이 지닌 어떤 생기生氣를 느끼기도 한다.

계정을 나선 뒤 가장 멀리까지 가서 만난 곳은 수회동水回洞이다. 이로써 우복은 후10경 가운데 제10경을 「수회동」으로 노래할 수 있었다. 일찍이 우복과 절친하게 지냈던 창석蒼石 이준李埈(1560~1635)은 이곳을 유람한 후 글을 남긴 적이 있었다. 이에 대하여 우복은 「수회동」의 첫 번째 구절을 주석하여, "창석공蒼石公이 일찍이 이곳에 노닐면서 지은 「기승록記勝錄」 한 편篇이 있는데, 첫 번째 구절은 그 글 가운데에서 산봉우리를 표현한 말을 뽑아 지은 것이다"라고 하였다. 구체적인 작품은 다음과 같다.

> 그림 병풍 허공에 걸려 있어 뭇 신선들 공수한다는,
> 창옹의 글은 글자마다 전할 만하네.
> 단지 혐의스러운 건 조물주가 지나치게 아껴,
> 현가 소리 동천 안에 들어오지 못하게 한 것이라네.
> 畫障懸空拱列仙　蒼翁文字字堪傳
> 只嫌造物慳偏甚　不許絃歌入洞天

창석과 우복은 서애西厓 류성룡柳成龍(1542~1607)의 문하에 함께 나아가 배운 동문이기도 하며, 임진왜란 때는 함께 의병을 일

으켜 고모담姑母潭에서 싸워 공을 세우기도 하였다. 『우복집』에
는 그와 주고받은 많은 시문이 있는데, "어릴 때 정을 나누며 흰
머리 다 되도록(丱角交情到白頭), 서로 보면 기뻐하고 헤어지면 걱
정했네(團圓歡喜別離愁)"라며 우정을 과시하기도 하였다. 이 시에
서는 그의 회수동에 대한 자연묘사, 즉 "그림 병풍 허공에 걸려
있어 뭇 신선들 공수한다"에 대해 깊이 동의하며, 우복은 이를
후세에 전할 만한 기록이라고 하였다.

수회동은 조용하고 경치가 빼어나 원래 서원을 짓자는 논의
가 있었다고 했다. 우복이 마지막 구절에 대하여, "처음 이곳에
서원書院을 짓기로 의논하였는데, 여러 사람들의 뜻이 깊고 궁벽
진 것을 싫어하여 그 의논이 마침내 폐기되었다"라고 설명한 데
서 이를 확인할 수 있다. 현가絃歌의 소리는 거문고를 타는 소리
이다. 특히 유학에서 강조하는 예악禮樂 가운데 '악'을 의미하는
바, 부지런히 학문을 하는 것을 이렇게 표현한 것이다. 그가 그렇
게 설명하고 있듯이 서원이 이곳에 들어오지 못하게 된 일을 떠
올린 것이다.

우복종가를 중심으로 한 우산동천20경, 이 모두를 여기서 소
개할 겨를이 없다. 그러나 이 자연경관은 우복가를 대표하는 문
화경관이기 때문에 그의 「우곡잡영이십절」은 거듭 차운되었다.
우복의 6대손 입재立齋 정종로鄭宗魯(1738~1816)를 비롯해서, 7대손
제암制庵 정상리鄭象履(1774~1848), 8대손 기주箕疇 정민병鄭民秉

(1800~1882) 등 우복의 후손들이 주축을 이루었다. 그러나 우산동천20경이 지닌 문화사적 의미는 이들 가문에만 국한되지 않았다. 만각재晚覺齋 이동급李東汲(1738~1811)이나 긍암兢庵 강세규姜世揆(1762~1833)의 차운은 바로 이것을 말하는 좋은 예가 된다. 이들은 우산동천20경을 차운하면서 우복이 만들어 놓은 이 문화에 동참하며 더욱 빛나게 하였던 것이다.

3. 종가 주변의 문화 공간

     사람이 사는 곳은 어느 곳이나 그 사람들의 세계관이 적용되면서 새로운 문화공간으로 다시 만들어진다. 자연경관에 이름이 붙기도 하고, 세계관이 담겨 있는 건축물을 만들기도 한다. 우복이 은거하였던 우산동천도 예외가 아니다. 이미 살펴보았듯이 그의 세계 인식이 이 동천에 깊이 적용되면서 성리학적 세계 인식이 우산동천에 다량 나타나고 있기 때문이다. 일찍이 당唐나라 헌종憲宗 연간의 문인이었던 유우석劉禹錫(772~842)이 「누실명陋室銘」이라는 글에서 이야기하지 않았던가. "산은 높은 것이 중요한 것이 아니라 신선이 있으면 이름나게 되고, 물은 깊은 것이 중요한 것이 아니라 용이 살면 신령스럽다"(山不在高, 有仙則名, 水不在深,

有龍則靈)라고. 우복은 바로 신선이며 용이었던 것이다.

우복종가 가까이에 있는 유교적 문화공간으로는 계정溪亭과 대산루對山樓, 그리고 우산서원愚山書院이 있고, 우복의 후손들이 집성촌을 이루며 사는 외서면의 하우산下愚山에는 병암고택甁庵古宅이 있으며, 공검면 부곡리에는 우복의 묘소와 신도비가 있다. 그리고 도남동에는 우복이 배향되어 있는 도남서원道南書院이, 청리면 율리에는 우복 등이 세운 민간의료기관인 존애원存愛院이 있다. 여기서는 병암고택·신도비·묘소·도남서원을 중심으로 살펴보기로 한다. 다른 것은 후술할 것이기 때문이다.

병암고택은 하우산에 있다. 그렇다면 하우산은 어떻게 성립 되었을까? 앞서 언급한 대로 1750년(영조 26)에 우복이 독서하던 곳을 중심으로 사패지가 설정됨에 따라 정주원鄭冑源(1686~1756)은 율리에서 우산으로 옮겨 와 살게 된다. 이후 정주원의 아들 정인 모鄭仁模(1707~1756)를 거쳐 정종로鄭宗魯(1738~1816)와 정재로鄭宰魯 (1755~1812) 형제 대에 와서 정재로가 근촌으로 분파를 하게 된다. 1770년의 일이다. 상우산은 그 형국이 협소하기 때문이다. 이로 써 상우산은 서서히 독가촌의 형태로 남아 추모의 공간이 되었 고, 하우산은 우복의 자손들이 실질적으로 거주하는 생활공간이 되었던 것이다.

병암고택은 현재 경상북도 지방문화재 문화재자료 제130호 (1985.8.5. 지정)로 지정되어 있다. 병암고택이 처음 건축된 시기는

병암고택 전경

1770년(영조 46)이며, '병암'이란 이름은 정헌묵鄭憲默의 조부 정
철우鄭喆愚의 호를 따서 붙인 것이다. 지금도 병암고택의 사랑채
에 가면 '甁庵'이라는 현판이 걸려 있다. 행서이기는 하나 격식
에 얽매이지 않고 활달하게 썼다. 고택의 입구에는 안내판이 설
치되어 있는데 전문을 들면 이렇다.

이 건물은 우복愚伏 정경세鄭經世 선생의 6대손 입재立齋 정종
로鄭宗魯(1738~1816) 선생의 아우인 재로공宰魯公이 주거용으
로 사용하기 위하여 1770년경에 건축하였다고 한다. 사랑채인
병암은 당시의 건물이고 그 외 건물은 후대에 중건 또는 개축
한 것이다. 당호堂號는 현소유자의 고조부 병암甁庵 정철우鄭
喆愚 선생의 호號를 따서 당호로 삼았다.

이 집은 대문을 들어서면 사랑채와 안채 · 고방채 · 아래채로
ㅁ자형의 배치를 하고 있으며, 그 옆에 뒤주를 두어 일곽一廓
을 형성하였다. 별채에 병천정甁泉亭이란 현판이 붙은 건물이
있는데, 원래 병천정은 1840년경 우산고개 계곡에 있던 전면 5
칸 측면 2칸의 정자였으나 허물어지고 현판만 이곳에 옮겨 놓
았다.

하우산은 이처럼 병암고택을 중심으로 진주정씨들이 모여
살고 있다. 1987년 명지대학교 한국건축문화연구소의 실측조사

에 의하면, 당시 하우산의 총 가구수는 71호다. 당시만 하더라도 많은 가구가 대도시로 이주하였고, 다른 성씨들이 유입되어 단일 집성촌의 성격을 이미 상당 부분 잃어가고 있었다. 우리 종가연구팀이 병암고택을 방문하였을 때는 안채의 보수공사가 막 끝난 상태였다. 안채는 정면 6칸, 측면 2칸으로 된 팔작와가이며, 평면구조는 '一'자형, 왼쪽의 부엌 1칸을 제외하고 앞뒤로 반 칸의 폭으로 된 툇마루를 설치하였다.

우복의 묘소는 상주시 공검면 부곡리에 있다. 신도비는 그 입구에 있다. 경상북도 유형문화재 제321호로 지정되어 있다. 신도神道라는 말이 신령의 길이라는 뜻이니 사자死者의 묘로墓路에 세워진다. 이 때문에 우복의 묘소 입구에 있게 된 것이다. 1758년(영조 34) 4월의 일로, 우복이 1633년에 세상을 떠났으니 사후 125년 뒤의 일이다. 비문은 용주龍洲 조경趙絅(1586~1669)이 썼다. 그는 인조조仁祖朝에 서인계 공신功臣들이 정국을 좌우하자, 정경세鄭經世 · 이준李埈 등과 함께 이들과 맞서며 남인의 맹장 역할을 했던 인물이다. 글씨는 이조좌랑을 지냈던 난은懶隱 이동표李東標(1644~1700)가 썼으며, 두전은 승정원 도승지를 지낸 남록南麓 권규權珪(1648~1723)가 썼다. 조경은 우복의 신도비를 쓰게 된 계기를 다음과 같이 적고 있다.

그로부터 21년이 지난 뒤인 갑오년(1654, 효종 5)에 사손嗣孫인

시강원자의侍講院諮議 정도응鄭道應이 공의 문하에 있던 선비 몇 사람과 더불어 계획을 세워 법식에 의거해 무덤 앞에 빗돌을 세우고자 하였다. 그러고는 직접 고故 부제학副提學 창석蒼石 이준李埈이 지은 행장行狀을 가지고 와 나(龍洲 趙絅)에게 주면서 말하기를,…… 그러자 정도응이 다시금 꿇어앉아 예를 올리고는 고집스럽게 지어 달라고 부탁하기를 마지않았는데, 하루 종일 지친 기색이 없었다. 이에 경이 여러 차례 사양하였으나 허락을 받지 못한 채로 곧이어 병이 들어서 지금까지 몇 년 동안 짓지 못하다가 이제야 비로소 공의 행장行狀을 펼쳐 보고는 다음과 같이 서序하였다.

이를 통해 우리는 1654년 손자 정도응이 할아버지 우복의 제자들과 조경을 찾아갔던 일, 갈 때는 창석 이준이 쓴 우복의 행장을 가지고 갔던 일, 조경이 정중히 거절하자 다시 써 주기를 간청했던 일, 조경이 끝내 사양하지 못하고 병이 들어 몇 년 동안 그대로 있다가 비로소 비문을 썼던 일 등을 두루 알 수 있다. 당시 정도응은 할아버지 우복과 동료 관원으로서 할아버지를 가장 잘 아는 이를 찾아갔고, 용주 조경은 대군자大君子의 사업과 문장을 형용할 수 없음을 들어 여러 번 사양하였으나 끝내 받아들여지지 않았고, 따라서 쓸 수밖에 없었다고 전한다.

우복의 신도비는 전체 높이가 404cm이며 비각에 안치되어

우복 신도비

우복 신도비 탁본(한국학중앙연구원 소장)

있다. 신도비의 안내판에 의하면, 비신의 높이가 223cm이고, 이수螭首의 높이가 115cm라고 하였다. 거북돌 받침이 무거운 비신을 떠받치고 있는데, 상상의 동물 비희贔屭이다. 이 비희는 용의 아홉 아들 가운데 하나로, 무거운 것을 들기를 좋아한다고 한다. 모습은 용의 머리에 거북의 몸을 하고 있다. 우복 신도비의 경우 일반적으로 그렇게 표현되고 있듯이 용의 머리가 거북의 머리로 바뀐 형태인데, 어질고 순한 모습이다. 그는 이렇게 다시 천년을 지고 우복의 사업을 후세에 길이 전하는 것을 감당하고 있는 것이다.

우복의 묘소는 신도비 우측에 있는 낮은 산자락에 있다. 묘소로 가는 길목에 두 동으로 된 재사齋舍 영모재永慕齋가 있다. 우복을 영원히 사모하며 받든다는 의미이다. 우복의 묘소 앞에는 '文莊公愚伏鄭先生之墓 貞敬夫人眞城李氏祔左'라는 단정한 글씨가 두 줄로 종서縱書 되어 있다. 우복은 1633년 6월 17일 해시亥時에 세상을 떠났는데, 장사는 8월 25일에 지냈다. 당시 이곳은 함창현咸昌縣이었고, 우복 연보에는 "검호檢湖의 서쪽 유좌酉坐 묘향卯向의 산기슭에 장사 지냈다"라고 기록되어 있다.

묘소의 혈은 우복이 직접 잡은 것이라 한다. 두 아들이 우복에 앞서 세상을 떠나자, 처음 아들의 묘지를 잡아 장사를 지내면서 그 위쪽에 있는 한 혈에 자신이 묻힐 생각을 하였고, 그리고 거기에 묻혔던 것이다. 당시 원근에 사는 선비들 400여 명이 모

재사 영모재

우복의 묘소

어들어 그의 위대한 생애를 기리며 추모하였음은 물론이다. 지기知己였던 창석 이준은 제문에서 "생각건대 그대와 내가 우의를 맺은 것은 젊은 시절부터 늙은 지금까지였네.(念我托契, 青鬢而皤) 이 냇가와 저 산등성이 몇 차례나 함께 노닐었던가(某水某丘, 幾與婆娑)"라고 하면서 애통해 마지않았다.

우복은 1633년 1월 16일부터 위독해지기 시작했다. 말을 더듬고 담이 끓어올랐으며, 기식이 희미하여 숨이 끊어질 것만 같았다. 이 때문에 그는 간신히 부인을 향해서, "남자는 부인네의 손에서 죽지 않는 법이고, 부인네은 남자의 손에서 죽지 않는 법입니다"라고 하였고, 부인도 "일찍이 그런 말을 충분히 들었습니다"라고 하였다. 그리고 자신이 죽거든 예법대로 장사 지내도록 했다. 이렇게 아슬한 순간이 지나가고 10여 일 뒤에 증세가 조금 호전되었다. 6월 6일에 다시 병세가 시작되어 말을 할 수가 없었고, 급기야 17일에 세상을 뜨고 말았다.

우복은 세상을 떠난 지 2년 뒤인 1635년(인조 13)에 상주의 대표적인 서원인 도남서원道南書院에 배향되었다. 도남서원은 처음에는 정몽주鄭夢周·김굉필金宏弼·정여창鄭汝昌·이언적李彦迪·이황李滉을 모시고 이들의 학문과 덕행을 추모하였다. 이후 1616년(광해군 8)에 노수신盧守愼·류성룡柳成龍을, 1635년(인조 13)에 우복 정경세鄭經世를 추가 봉향하였다. 1677년(숙종 3)에 '도남道南'이라고 사액되어 사액서원으로 승격되었으며, 1871년 대원군의

도남서원

영남지도의 도남서원 부분

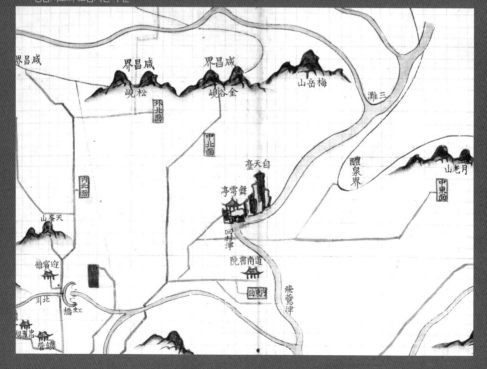

서원철폐령으로 훼철되었다가, 1992년 지역 유림들이 힘을 모아 강당 등을 건립하였고 이어 동·서재를 지었다. 2002년부터 대규모의 복원이 이루어져 오늘에 이른다.

도남서원은 1605년에 우복 스스로가 건립을 주도하였던 서원이다. 이때 우복은 스승인 서애西厓에게 서원의 이름에 대하여 문의하였다. 당시 선비들은 이락연원伊洛淵源을 의미하는 낙연서원洛淵書院이 좋다고 하기도 하고, 또 사실에서 취하여 도남서원道南書院이 더욱 좋다고 하기도 하며 의견이 분분하였기 때문이다. 이에 서애는 '도남서원'으로 하는 것이 좋겠다고 하면서, 마침내 서원의 이름이 확정되었던 것이다. 당시의 도남서원은 묘우가 3칸, 강당이 9칸이었다. 나머지 재사齋舍와 주고廚庫 등은 물력이 달려서 짓지 못하였다.

우복은 도남서원을 건립하면서 참으로 많은 공을 들였다. 그가 「도남서원을 건립하기 위해 보낸 통문」, 「도남서원 상량문」, 「도남서원에 다섯 선생을 향사하는 축문」, 「소재蘇齋를 종향從享할 때 다섯 선생께 사유를 고한 글」, 「도남서원에 다섯 선생을 봉안하는 제문」 등을 지은 데서 이를 충분히 확인할 수 있다. 이 밖에도 여러 통의 도남서원 산장에게 보낸 편지가 있는가 하면, 도남서원에서 질문해 오면 정성껏 답신을 하기도 했다. 1605년(선조 38) 우복이 서원의 건립을 위해 보낸 통문에는 서원 건립의 당위성이 적기되어 있다. 그 일부를 들어 보기로 한다.

사자士子가 학문을 진보시키기 위한 공부를 함에 있어서는 여럿이 모여 함께 강습하는 것보다 더 유익한 것이 없고, 후생들이 도道를 높이 떠받드는 전례에 있어서는 선현先賢들을 존숭하여 섬기는 것보다 더 중대한 것이 없습니다. 이것이 바로 서원書院을 설립하는 까닭이며, 옛날이나 지금이나 다 함께 말미암는 바입니다. 우리 영남지방의 서원의 성대함은 우리 동방에서 제일입니다. 이에 각 고을마다 서원이 있는데, 유독 우리 상주 고을만은 서원이 없습니다. 이것이 어찌 한 고을의 일대 흠사欠事가 아니겠으며, 많은 선비들이 깊이 탄식할 바가 아니겠습니까?

여럿이 모여 강습하기 위하여 서원이 필요하며, 이를 위한 지표를 삼기 위하여 선현을 모실 필요가 있다고 했다. 그리고 영남지방에서 유독 상주만 서원이 없기 때문에 서원을 세워 학문적인 분위기를 만들자고 했다. 이렇게 하여 서원을 설립하고 다섯 선생을 봉안하였으며, 포은 정몽주에 대해서는 '우리 도가 처음으로 동으로 왔네' (吾道始東), 한훤당 김굉필에 대해서는 '법도 지켜 어기지를 아니하셨네' (踏繩循墨), 일두 정여창에 대해서는 '힘쓴 것은 실천하는 데에 있었네' (務在踐實), 회재 이언적에 대해서는 '빛나는 덕 날로 더욱 새로워졌네' (緝熙日新), 퇴계 이황에 대해서는 '예와 악이 자기 자신 몸에 있었네' (禮樂在躬)라고 하였다.

도통을 염두에 두며 이렇게 봉안문을 지었던 것이다.

위에서 간략하게 살펴본 병암고택, 신도비와 묘소, 도남서원 등은 종가에서 조금 벗어나 있지만 우복을 찾아 상주로 가고자 하는 사람들은 반드시 답사해 보아야 할 곳들이다. 옛날과 지금은 상황이 많이 달라지기는 하였지만, 우복이 보았을 산천은 거의 그대로 자신의 모습을 유지하고 있다. 이들 경관을 보면서 우복은 무엇을 생각했으며, 그 후손들은 무엇을 생각하였던가. 그리고 상주지역을 중심으로 한 영남의 선비들은 또한 무엇을 생각하였는가. 이러한 생각을 하면서 우산동천을 거니는 것은 행복한 일이 아닐 수 없다.

제2장 우복과 그의 생각

1. 우복의 삶과 그 특징

　　우복종가를 이해하는 데 있어 무엇보다 중요한 것은, 불천위 우복을 제대로 이해하는 것이다. 도대체 우복은 누구인가. 이제 이 물음에 대답해 보도록 하자. 그동안 여러 사람들에 의해 이 질문에 대한 답변이 시도되었다. 대체로 행장이나 신도비, 그리고 연보를 중심으로 우복의 생애를 시대적 흐름에 따라 나열하면서 그의 삶에 드러나는 중요한 의미를 글 쓰는 이의 시각에 맞추어 논의하였다. 우복에 대한 기본 사항은 동춘당 송준길이 편집한 우복의 연보 서두에 자세하고, 생애는 왕조실록의 졸기에 잘 요약되어 있다. 우선 두 자료를 제시하면 다음과 같다.

선생의 휘諱는 경세經世이고, 자字는 경임景任이며, 젊었을 때의 호號는 하거荷渠이고 또 다른 호는 승성자乘成子였는데, 만년에 우북산于北山 속에 별업別業을 지은 다음 우북于北을 우복愚伏으로 고치고서 이를 호로 삼았다. 혹은 석총도인石漎道人으로 칭하기도 하고, 또 송록松麓으로 칭하기도 하였다.

전 이조판서 정경세鄭經世가 졸하였다. 세자가 그를 위해 거애擧哀하자, 예조가 의논드리기를 "거애는 사부에게 행하는 것이요, 빈객에게 행해서는 안 됩니다"라고 하니, 상이 "이 사람은 일찍이 보양관輔養官이 되어 심력을 다해 가르친 은혜가 많으므로 특별히 거애해도 무방하다"라고 하였다. 정경세는 경상도 상주尙州 사람으로 자는 경임景任이며 스스로 우복愚伏이라 호를 지었다. 사람됨이 근후하고 경술에 널리 통달한 데다 문장에도 능하였는데, 서애西厓 류성룡柳成龍과 사우師友의 의가 있었다. 선조조에 전랑銓郞이 되어 당여를 심었다는 비난을 받았고, 광해 때 권간들로부터 축출을 당하여 시골에 쫓겨나 살았다. 반정 후 맨 먼저 발탁되어 화려한 관직을 역임하며 천조天曹의 장이 되어 문형文衡을 맡았고 경악經幄을 출입하면서 많은 규계의 도움을 주었다. 추숭追崇할 때 임금의 뜻과 달리 귀향한 후 여러 번 부름을 받았으나 나가지 않았다. 이에 이르러 졸하니 향년이 70세였다.

앞의 것은 연보의 기록이다. 이를 통해 우리는 정경세가 우리가 즐겨 사용하는 우복이라는 호 이외에도 다양한 호를 갖고 있었다는 것을 알 수 있다. 하거荷渠, 승성자乘成子, 석총도인石潨道人, 송록松麓 등이 그것이다. 조선시대 선비들이 대체로 그러하듯이 우복 또한 자연친화적인 태도가 물씬 풍기는 별호를 두루 갖추고 있었다. 우복이라는 호와 함께 이들 호는 그의 세계지향을 알 수 있어 중요하다. 즉 그의 마음속 깊이 자연을 지향하는 어떤 감각이 항상 작동하고 있었다는 것이다.

뒤의 것은 정경세의 졸기로 『인조실록』 권28, 1633년(인조 11) 6월 28일의 기록이다. 이를 요약하면, 1) 세자가 거애擧哀하자 예조가 이에 대한 의문을 제기하였으나 인조가 인정하였다는 사실, 2) 그의 사람됨이 근후하고 경술과 문장이 넉넉하였다는 사실, 3) 서애 류성룡에게 배웠다는 사실, 4) 관직생활을 하면서 권간들에 의해 여러 번 실각당했던 사실, 5) 인조반정 후 다시 발탁되어 화려한 관직을 역임하며 문장과 경학을 주도하였던 사실, 6) 임금의 뜻과 달리 귀향한 후로 다시는 부름에 응하지 않았다는 사실 등이 그것이다. 이 가운데 우복의 삶의 특징이 드러나는 2)~5)를 중심으로 살펴보기로 한다.

첫째, 우복은 사람됨이 근후謹厚하고 경술과 문장이 넉넉하였다는 점이다. 우복은 키가 크고 이마가 넓었으며 정신과 풍채가 시원하고 맑았다고 한다. 그리고 눈빛은 형형하여 마치 하늘

높이 걸린 거울 같았고, 말소리는 우렁차서 마치 큰 종이 울리는
것과 같았으며, 산이 서 있는 듯 우뚝하여 범할 수가 없고, 바닷
물과 같이 깊숙하여 끝을 헤아릴 수가 없었다고 한다. 또한 관대
하면서도 꿋꿋하였고 온화하면서도 장엄하였으며, 바르면서도
오활하지 않았다고 한다. 이러한 근후한 사람됨을 바탕으로 그
는 경술과 문장이 넉넉하였던 것이다. 다음 기록을 보자.

> 선생은 일찍이 『맹자孟子』에 나오는 "천하의 넓은 집에 거처
> 한다"(居天下之廣居)라는 한 구절을 들어 서너 번 반복하여 읽
> 고는 이르기를, "매번 이 부분을 읽을 때마다 사람으로 하여금
> 가슴속이 시원해지게 한다. 맨 앞의 첫 구절은 바로 존심存心
> 이며, 그다음 한 구절은 바로 입신立身이며, 그다음 한 구절은
> 바로 처사處事이다"라고 하였다.

> 창석 선생이 일찍이 이르기를, "우복의 문장은 윤리倫理에 근
> 본을 두었으므로 비록 편언척자片言隻字라도 버릴 수가 없다"
> 라고 하였다.

이는 모두 우복의 언행록 중 경학과 문장이 뛰어났다는 부분
에서 적취한 것이다. 우복이 경술에 통달했다는 것은 위에서 제
시한 『맹자』만이 아니다. 그의 『사문록思問錄』은 우복의 『주

역』·『예기』·『의례』등에 관한 견해를 적어 둔 것이고, 「김사계 경서의의변론金沙溪經書疑義辯論」은 사서四書의 의의疑義를 사계沙溪 김장생金長生(1548~1631)과 논변한 것이며, 「답송경보문목答宋敬甫問目」은 태극과 음양에 대한 동춘당 송준길의 질문에 대답한 것이다. 이러한 질문과 대답을 통해 그의 밝은 경술을 확인할 수 있다.

우복의 문장 역시 많은 사람들로부터 칭송받았는데, 연보 20세조(1582년, 선조 16)에 "진사 회시에 2등으로 급제하였다"라고 하면서 "선생이 지은 시부가 세상 사람들에게 전송되었다"라고 기록해 두고 있다. 그리고 행장에서는 "(우복의) 문장은 육경六經에서 나오고 성리에 뿌리를 두어, 결단코 까다로운 말이나 기이한 문자를 쓰지 않았다. 소차疏箚에 더욱 뛰어났으니 글이 크고 풍부하여 듬직하면서도 전아典雅하고, 명백하면서도 간절하고 빈틈없이 주밀하여 임금을 감동시키고도 남았다. 논자들은 근세에 대가로 불리는 몇몇 사람들도 여기에 미치기 어렵다고들 한다"라고 하였다.

둘째, 서애 류성룡에게 배웠다는 점이다. 우복이 서애의 제자가 되었다는 사실은 그가 퇴계학을 계승하고 있다는 말이 된다. 퇴계학이 어떻게 우복으로 전해지는가에 대해서는 여러 측면에서 이야기할 수 있을 것이다. 일찍이 우복은 퇴계의 『주서절요朱書節要』에 대하여 지대한 관심을 갖고 이를 확산하는 데 많은 힘을 기울였다. 1604년 10월에 서애로부터 이 책을 전수받는데,

서애는 그 후 3년 만에 세상을 뜨고 만다. 그는 이 책을 소중히 간직하고 있다가 1611년 전라감사 재임在任 중에 금산錦山에서 간행하여 온 나라에 보급시켰다. 이 밖에도 퇴계를 비롯한 오현五賢의 문묘종사에 앞장서는가 하면, 율곡 이이의 제자들과 폭넓게 교유하면서 퇴계학을 확장시켜 나갔던 것에서도 이러한 사실을 확인할 수 있다. 우복의 연보에서는 우복과 그의 스승 서애와의 만남을 이렇게 적고 있다.

> 서애 류 선생을 배알하고 학문을 하는 순서를 전해 받았다. 묘지에 이르기를, "서애西厓 류문충공柳文忠公이 상주목사尙州牧使로 부임하여서는 선비들에게 학문하기를 권장하였다. 이에 공이 공경히 예를 갖추어 가서 뵙고는 학문을 가르쳐 주기를 청하였는데, 이로부터 함양하여 쌓아 가매 날이 갈수록 진보하는 바가 있었다"라고 하였다.

연보 18세조의 기록이다. 당시 서애는 상주목사로 와 있었으므로 우복이 자연스럽게 스승으로 섬길 수 있었고, 이후 정치적인 입장에서 스승과 행보를 같이할 수 있었다. 1598년(선조 31) 11월에 북인北人이 서애를 맹렬히 공격하면서 우복도 함께 공격하게 되는데, 이것은 이에 대한 대표적인 예가 된다. 이때 우복은 면직시켜 줄 것을 청하여 사직하였고 서애는 삭탈관직 당하였

경북대 야외박물관의 우복정선생영세불망비

다. 이러한 깊은 인연으로 서애의 셋째 아들 류진柳袗을 제자로 받아들이면서 대를 이어 사제의 관계를 맺었다.

셋째, 관직생활을 하면서 권간들에 의해 여러 번 실각당했다는 점이다. 정재각 교수와 김시업 교수의 논고를 참고하면, 우복의 생애는 23세까지의 수학기(1563~1585), 27세까지의 제1출사기(1586~1589), 37세까지의 제2출사기(1590~1599), 46세까지의 제1은거기(1600~1608), 53세까지의 제3출사기(1609~1615), 60세까지의 제2은거기(1616~1622), 71세까지의 제4출사기(1623~1633)로 나눌 수 있다. 이로 보면 그의 삶은 출사와 은거를 거듭하고 있다는 사실을 알 수 있다. 그만큼 정치적 부침이 심했다는 것을 의미한다.

우복은 출사하여 정치할 때 그 치적이 다양했는데, 그중에서도 1607년 대구부사에 임명된 후의 선정은 특히 유명하다. 그의 영세불망비永世不忘碑가 아직도 경북대 캠퍼스 야외박물관에 남아 있기도 하다. 재임 기간이 1년에 지나지 않았지만 우복은 무엇보다 지역에서 향교와 서원을 통한 학문 진작에 역점을 두었다. 이 때문에 대구의 연경서원硏經書院을 방문하여 당시 원장이었던 낙재樂齋 서사원徐思遠(1550~1615)과 회동하며 지역의 학문 진작을 위해 토론하거나, 향교나 서당 등에 나아가 과정課程을 정하여 강회를 열기도 했던 것이다.[1]

우복은 대구 수성 들판의 가뭄을 해결하기 위해 지금의 수성구 지산동과 범물동 일대에 둔동제屯洞堤라는 저수지를 축조하기도 한다. 제방 가에 영송정影松亭이라는 정자가 있었는데, 우복이 이를 영파대影波臺라는 이름으로 바꾸고 이곳에 자주 올라 노닐기도 했다. 이후 1670년(현종 11) 10월에 대구의 주민들은 저수지 제방에 송덕비를 세우고 해마다 우복에 대한 감사의 제사를 지냈다. 대구 사람들은 송덕비의 음기陰記에서 우복을 이렇게 기렸다.

이 못 마르지 않듯 두터운 은택도 다하지 않고,
이 대 허물어지지 않듯 끼친 향기 역시 사라지지 않으리.
선생이 남긴 풍화風化 못처럼 깊고 대처럼 높아,
백세토록 잊기 어려워 한 조각의 돌에 새기네.
斯堤不涸 庬澤不竭　斯臺不隤 遺馥不歇
先生之風 堤深臺屹　百世難諠 一片剞劂

우복을 기리는 대구 사람들의 마음이 간절하다. 지금은 둔동제도 사라지고 영파대도 없어졌다. 따라서 요즘 우복의 두터운 은택과 끼친 향기를 기억하는 대구 사람들은 거의 없다. 안타까울 따름이다. 학문 진작과 민생고 해결은 우복의 대표적인 정치적 활동이었던바, 경상감사나 영해부사, 그리고 강릉부사 등 지방관 재직 시에도 꾸준히 나타난다. 그러나 그의 정치적 행보는 평탄한 것이 아니었다. 우복의 출사와 관련해서 다음과 같은 재미있는 일화가 전한다.

정경세가 서울로 과거를 보러 가다가 단양에서 길을 잃게 되었다. 산속으로 들어가니 길이 점점 좁아져서 헤매다가 초가집 하나를 만나게 되었다. 들어가 보니 노인이 책을 보고 있다가 어떻게 왔느냐고 물어서 사정을 이야기했다.

정경세는 배가 고파 먹을 것을 부탁하니 노인은 음식이 없다고 하면서 주머니에서 둥근 떡 하나를 주었는데, 그것을 먹자 시장기가 곧 사라졌다. 노인에게 세상에 나와서 출세하지 않는 이유를 물었더니 노인은 장생불사長生不死를 이루어 신선이 되어야 한다면서 그 이유를 길게 설명했다. 이에 정경세가 자신에게도 장생술을 가르쳐 달라고 부탁하자, 노인은 정경세를 한참 쳐다본 다음 이렇게 말했다.

"젊은이는 신선의 골격이 형성되지 않아 배울 수가 없네. 다만 이번에 과거는 급제를 하겠는데, 평생 동안 세 번 감옥에 들어가지만 형벌은 면하게 되겠네. 그리고 앞으로 7년 후에 큰 난리가 나서 많은 사람이 죽게 될 것이며, 그 뒤 33년 뒤에 또 큰 도적이 서쪽으로부터 일어나 서울이 거의 짓밟히게 될 것인데, 젊은이가 그것을 모두 겪을 것일세."

노인은 그 다음 일은 스스로 알 것이라며 말해 주지 않았고, 자신이 누구인지에 대해서도 알려주지 않았다. 그러고 나서 같이 자게 되었는데, 아침에 일어나 보니 노인은 떠나고 없었다. 그 집 사람에게 노인에 대해 물어보니, "류柳 생원이라 부르며,

때때로 들러 4~5일씩 쉬어 가는데 식사는 하지 않고 걸음이 매우 빠르다"라고 하였다.

정경세는 과연 그해에 급제했고, 이때가 만력 14년(1586)으로 7년 만에 임진왜란을 겪었으며, 또 갑자(1624)에 이괄의 난도 경험했다. 그리고 세 번 감옥에 들어간다는 말도 맞았다.

이 설화는 『기문총화奇聞叢話』·『한거잡록閑居雜錄』·『시화휘편詩話彙編』·『동국쇄담東國瑣譚』·『동야휘집東野彙輯』 등에 두루 실려 있다. 이에 의하면 정경세의 험난한 앞날을 어느 신선사상가가 예언했다고 한다. 사실 그는 임진왜란 와중에 어머니와 동생 홍세興世를 잃었고, 그 역시 적의 화살을 맞아 절벽에서 떨어져 기절하였다가 소생하였다. 관직에 올라서는 김직재金直哉의 옥사가 일어나 투옥되었다가 문초를 당하는 등 갖은 고초를 겪었다.

넷째, 인조반정 후 다시 발탁되어 화려한 관직을 역임하며 문장과 경학을 주도하였다는 점이다. 1623년(인조 1)에 이른바 인조반정이 일어난다. 서인西人 일파가 광해군 및 대북파大北派를 몰아내고 능양군綾陽君 종倧을 왕으로 옹립한 사건인데, 이로 인하여 영남에서는 정인홍이 주도하고 있었던 남명학파가 몰락하게 된다. 인조반정이 3월 12에 있었는데, 우복은 3월 15일에 홍문관 부제학 지제교 겸 경연참찬관 춘추관수찬관弘文館副提學知製敎兼經筵參贊官春秋館修撰官에 제수되어 소명召命을 받았다. 훗날 인조는 우복에게 사제문을 내리며 다음과 같이 슬퍼한 적이 있다.

내 일찍이 공의 풍모 소문 듣고,	予有夙聞
은연중에 풍운 만남 기약하였네.	暗契風期
내가 임금 된 첫해에 불러들여서,	初年側席
가장 먼저 경악에다 앉히었다네.	首置經帷
아침저녁 법연에서 강론할 때,	法筵朝夕
어짐 펴서 정사하란 잠언 올렸네.	以仁爲箴
『노론』한 질 나에게 강론하면서,	一部魯論
나의 마음 틔워 주고 깨우쳐 줬네.	啓心沃心
세자 맡아 가르침을 내리면서는,	訓誨元嗣
의리와 덕으로 가르쳤다네.	以義以德
두 차례나 자급 높이 올라간 것은,	再峻其秩
옛날의 도 강구하여 밝혀서였네.	稽古之力
임금 보도하는 데에 정성 다하여,	匡輔乃誠
종시토록 게으르지 않았네.	不怠終始

여기서 인조는 자신이 임금이 된 첫해에 우복을 불러 경연에 앉히었다고 회고하였다. 당시 우복은 『논어』를 강의했고 이로써 인조 스스로는 많은 깨우침을 얻었다고 했다. 인조반정은 우복에게 1616년부터 시작되었던 제2은거기를 접고 출사의 기회를

부여한 사건이었다. 이후 그는 인조를 도와 청환淸宦을 두루 역임하면서 문형文衡을 잡게 된다. 우복이 세상을 뜨자 세자는 곡읍哭泣하였고, 인조 자신은 우복의 서거 소식을 듣고 제문과 함께 조의를 내리는 한편, 이틀간 조회를 쉬기까지 하였다고 한다.

우복이 정치적 사안에 따라 출사와 퇴처를 거듭하였지만 그는 남인과 서인에게 두루 존경을 받았던 특이한 존재였다. 사계 김장생과는 학문적 소신이 달랐지만 교분이 두터웠고, 동춘당 송준길은 연보를 작성하며 장인의 행장을 장문으로 지었고, 우암

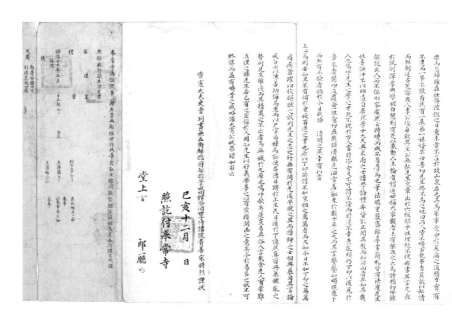

송시열은 우복에 대한 시장諡狀을 작성해 조정에 제출하였다. 왕가에서도 우복에 대하여 경의를 표하였고, 사림에서는 서원 제향을 통해 예를 극진히 했다. 종택 옆에 있는 우산서원愚山書院은 물론이고, 상주의 도남서원道南書院, 김천의 덕림서원德林書院, 경산의 고산서원孤山書院, 대구의 연경서원研經書院 등이 모두 우복의 제향처였다. 문묘에 배향할 것을 주청하는 사림士林들의 상소도 고종 때 3차례나 있었다.

2. 「우암설」과 '자아'

　　우복을 가장 우복답게 하는 용어는 아마도 '우愚' 한 자에
있을 것이다. 자기성찰이 여기에 뚜렷이 내재되어 있기 때문이
다. 아마도 우복은 이 한 자로 자신의 전 생애를 살아갔는지도 모
를 일이다. 우복의 종가 앞쪽으로 흐르는 이안천, 그 가에 바위
하나가 있어 우뚝하다. 우복이 이를 지목하여 '우암愚巖', 즉 바
보 바위라 명명한 바로 그 바위다. 이 우암은 어풍대 아래에 있으
며, 종가로 들어가면서 볼 수 있는데, 생김새가 미련하다. 우복은
우선 「우암愚巖」이라는 짧은 시를 통해 자신과 동일시했다.

만고토록 부딪치는 물결 혼자 무릅쓰니,　　　　萬古衝波獨力鏖

우암

이안천

추한 얼굴로 머리 들고 있는 모습 바보 같다네. 頭昂面醜摠如愚
훗날 나를 찾아오는 나그네 있다면, 他年有客來相訪
산 아래 푸른 바위 그게 바로 난 줄 아시게. 山下蒼巖是卽吾

여기서 우복이 무엇 때문에 이 바위를 바보라고 했는지 알수 있다. 거센 물결에 혼자 맞서 싸우는 미련성 때문이다. 이 미련성은 지주砥柱를 가능케 한다. 아무리 거센 물결이 밀려온다고 할지라도 조금도 끄덕하지 않는 그러한 기개와 절조를 이 돌은 지니고 있다는 것이다. 물가에 우뚝 솟아 있는 모습이 미련하고 추하여 바보와 흡사하지만, 사실 그것은 기개와 절조에 다름 아니었다. 바보스럽기 때문에 오히려 절조를 지킬 수 있었던 것이다. 우복은 훗날 이 바위를 보고 자신인 줄 알라고 하면서, 바보스럽게 살았지만 거기에는 어떤 외압에도 흔들리지 않는 강인한 절조가 있었다는 것을 보였다.

지주중류砥柱中流! '지주'는 삼문협三門峽을 통해 흐르는 황하黃河의 한복판에 있는 산 이름이다. 황하의 거센 물결에도 굳건하게 서 있다고 하여 '지주중류'라 성어화成語化해서 널리 쓰인다. 중국에서는 백이숙제伯夷叔齊의 사당 아래로 흐르는 물가, 우뚝이 솟아 있는 바위에 이 네 글자를 새겨 전한다고 한다. 우리나라의 경우 길재의 묘소 아래 낙동강 언덕에 그 비를 모사한 '지주중류비'를 세웠다. 이를 통해 길재의 절의정신으로 만세의 강상을 보전할 수 있었다며 칭송하였다.

낙동강 언덕에 세운 지주중류비는 겸암謙庵 류운룡柳雲龍 (1539~1601)이 한강寒岡 정구鄭逑(1543~1620)로부터 중국 지주중류비의 묵본墨本을 구하여 동생 서애西厓 류성룡柳成龍(1542~1607)에게 비음기碑陰記를 쓰도록 명하여 1587년(선조 20)에 세운 것이다. 여기서 우리는 우복의 우암을 다시 생각한다. 이로써 스승 서애와 제자 우복이 이 지주의 이미지로 다시 만나고 있다는 것도 확인한다.

우복은 위에서 보듯이 「우암」이라는 짧은 시도 짓지만, 「우암설愚巖說」이라는 산문을 써서 우암의 이념성을 자세하게 폈다. 이 「우암설」에도 시와 마찬가지로 어떤 고난에도 흔들리지 않는 그의 강인한 지주의 이미지가 내포되어 있다. 일찍이 창석 이준은 우복의 「우암설」에 대하여 "올리고 내리며 길고 짧음에 절주節奏가 있는 것이 「우계설愚溪說」과 서로 비슷하다"라며 비평한 적이 있다. 「우계설」은 당나라의 유종원柳宗元(773~819)이 지은 「우계시서愚溪詩序」를 의미하는데, 이것은 우계의 바윗돌에 대하여 「팔우시八愚詩」를 짓고 그 과정을 기록한 서문이다. 명문으로 칭송되는 글임은 물론이다. 이제 우복의 「우암설」을 구체적으로 감상해 보자. 조금 길기는 하지만 전문을 들면 다음과 같다.

내가 우복산愚伏山의 서쪽 기슭에 터를 잡아서 살게 되었는데,

그 주위에 있는 정자와 누대와 웅덩이와 골짜기로부터 바윗돌에 이르기까지 기이하고 빼어난 것은 어느 하나 이름이 없는 것이 없었다. 다만 집의 동북쪽 모퉁이에 커다란 돌 하나가 깊은 물가에 임하여 있으면서 그 높이가 네댓 길이나 되었는데도 아직 이름이 없었다. 어느 날 밤 그 돌이 꿈속에서 나에게 말했다.

"무릇 물건이 세상에 태어남에 드러나고 숨겨짐이 명命이 있고, 기회를 만나고 못 만남이 때가 있는 법이다. 내가 이곳에 서 있은 지 이미 오래되었으나, 아직도 이름이 세상에 드러나지 않았다. 그런데도 한탄하지 않았던 것은, 이제까지 만난 사람은 적당한 사람이 아니었기 때문이었다. 지금 다행히도 그대를 얻어서 나의 주인으로 삼았으니, 이는 참으로 제대로 예우를 받을 수 있는 천재일우千載一遇의 좋은 기회이다. 그대의 좌우에 둘러서서 그대를 모시고 있는 우리 무리들은 모두가 빛나는 영화를 입어 각자 아름다운 이름이 있는데, 유독 나만 이름이 없다. 옳은 주인을 만나고서도 세상에 이름이 드러나지 않았으니, 유감이 없고자 하지만 없을 수 있겠는가. 반드시 이에 대해서 해명할 말이 있을 것이니, 감히 말해 주기를 청하노라."

이에 내가 대답했다.

"무릇 이름이라는 것은 실상實狀의 손님이 되는 것이다. 실상이 없으면서 이름만 얻는다면, 지혜로운 자는 그것을 두려워하고 어리석은 자는 그것을 탐낼 것이다. 내가 그동안 바윗돌에 이름을 붙여 준 것이 참으로 많다. 정정한 모습으로 가파르게 솟아올라 홀로 노을이 낀 허공에 우뚝 서서 하늘을 받들고 있는 자세를 하고 있는 것은 오주석鰲柱石이라고 명명하였다. 그 모양이 반듯하기가 곱자로 그린 것 같고 그 평평함이 수평기水平器로 고른 것 같으면서 티끌세상에서 벗어나 산꼭대기에 처해 있어, 마치 여러 신선들이 놀다가 흩어져 가고 바둑판만 홀로 덩그러니 남아 있는 듯한 것은 난가암爛柯巖이라고 명명하였다. 깊은 웅덩이 한가운데 우뚝 솟아 있으면서 그 위에 철쭉꽃이 활짝 피어 물에 비치면 사람의 얼굴 모습인 듯한 것은 삽화암揷花巖이라고 명명하였다. 시냇가에 깎아 세운 듯이 서 있어 앉아서 물고기를 낚기에 아주 좋은 바위는 수륜석垂綸石이라고 명명하였다. 도랑물이 굽이쳐 돌아가는 데 넓게 자리하고 있어서 엎드려 샘물을 희롱할 수 있는 바위는 의공암倚節巖이라고 이름하였다. 이 몇 개의 이름을 지어 준 바위들은 내가 그 형상을 좋아하여 지은 것도 있고 그 쓰임새를 취하여 지은 것도 있는데, 오직 실상만을 헤아려 이름 붙였지, 일찍이 너무 지나치게 찬미해 헛되이 이름을 지어 준 것은 없었다. 그런데 나는 일찍이 너한테는 이름을 지어 주는 것을 체념하였다. 너는 풍채가 뛰어나고 점잖기는 해도 가파르고 험준한 자

태가 없다. 그리고 배가 불룩하게 크기만 하지 기고奇古한 형
태가 없다. 그 얼굴은 깊이 파였으면서도 꽃나무로 장식한 것
이 없고, 그 이마는 툭 튀어나와서 붙잡고 의지할 수도 없다.
그 형상이 보고 좋아할 만한 것이 없고, 그 쓰임새도 취할 만한
것이 없다. 그러면서 이름만은 세상에 드러내고자 하니, 지혜
롭지 못한 일이 아니겠는가."

그러자 바위가 말했다.

"무릇 자네가 나를 평한 것은 참 잘 살폈다고 하겠다. 그러나
형상이란 것은 모양새이고 쓰임이라는 것은 재주이다. 모양새
만 따라가다 보면 그 안의 것을 버리게 되고, 재주만 숭상하다
보면 그 덕을 뒤로 하게 될 것이다. 군자가 사물을 평함에 있어
서는 의당 그래서는 안 될 것이다. 지금 내가 있는 곳은 마침
산기슭의 끝으로, 양쪽에서 흘러내려 오는 물이 교차되는 곳
이다. 이에 바야흐로 장맛물이 때때로 흘러내려 여러 골짜기
에서 다투어 쏟아질 때에는, 미친 듯한 물살이 마구 들이쳐 언
덕과 낭떠러지가 무너져 내리는데도 나는 능히 우뚝하니 홀로
서서 굳건히 버티고 있으면서 그 강한 기세를 꺾어 밀쳐 내고
있다. 그러니 이 산기슭이 무너져 내리는 언덕처럼 물살 속으
로 빨려 들어가지 않는 것이 누구의 덕분이겠는가. 이 점을 생
각하여 이름을 붙인다면 괜찮지 않겠는가."

이에 내가 웃으면서 답했다.

"뽑히지 않는 굳센 뿌리도 없으면서 한창 기세가 성한 파도와 싸우며 중류에 버티고 선 지주砥柱인 체하려고 하니, 너는 참으로 지혜롭지 못하다고 하겠다. 그리고 무릇 그 형상이 남을 즐겁게 하지 못하면 어리석은 것이요, 그 쓰임새에 취할 만한 점이 없어도 어리석은 것이요, 스스로 제 능력은 요량하지 못하고 큰 절개만 담당하려 해도 어리석은 것이다. 이와 같이 어리석은 몸으로 우산愚山이라는 어리석은 산에 있고 어리석은 사람인 나와 이웃하여 있으면서 실상에 맞지도 않는 헛된 이름이나 탐내고 있으니, 만약 억지로라도 이름을 붙이고자 한다면 마땅히 어리석은 바위라는 뜻인 우암愚巖이라고 붙여야 할 것이다. 그래도 좋겠는가?"

그러자 돌이 큰 소리로 '좋다'고 답하였다. 나는 꿈을 깨고 나서 이상하기도 하고 또 느낀 점이 있어서 마침내 이 어리석을 우愚 자를 넣어 스스로 호號를 삼기로 하였다.

이 글은 우복이 1603년(41세, 선조 36)에 지은 것이니 우산동천에 계정을 짓고 청간정聽澗亭이라 하던 때이다. 1600년 우산동천 복거, 1601년 사우들과 우산동천 입동, 1602년 초당 건축 후 전 가족을 이끌고 우산동천 입동, 1603년 계정 건축. 이렇게 우복은 우산동천에서 새로운 세계를 열어 갔다. 당시 우복은 우산동천을 하나의 성리학적 이념 공간으로 만들어 가고 있었다. 주위의

사물에 대하여, 오주석鼇柱石·난가암爛柯巖·삽화암揷花巖·수륜
석垂綸石·의공암倚笻巖 등으로 명명하며 그의 세계를 만들었던
것이다.

　나름대로 이름을 붙이고 남은 하나의 바위가 있었는데 꿈에
나타나 이름을 지어 달라고 했다. 이것은 우복이 주위의 사물에
대하여 이름을 부여하고, 이를 통해 하나의 문화공간으로 만들고
자 하는 사실을 의미한다. 그리고 가장 늦게 이 바위에 대하여 이
름을 붙였다고 했으니, 이 바위는 그에 의해 명명된 모든 경관의
결론인 셈이다. 이 때문에 '우' 자를 넣어 자아를 투사하였으며,
자신의 세계관을 이로써 드러내고자 했던 것이다. 위의 글을 의
미단락으로 나누어 보면 다음과 같다.

①　집의 동북쪽 모퉁이 물속에 바위가 하나 있었다.
②　바위가 꿈에 나타나 우복에게 이름을 지어 달라고 했다.
③　우복이 아무런 특징이 없으므로 이름을 지어 주기 곤란하
　　다고 했다.
④　바위가 비록 그러하나 물속에서 의연히 버티고 있으니 이
　　로써 이름 지으라고 했다.
⑤　우복이 지혜롭지 못하게 물속에 버티고 있으니 '우암' 이
　　어떻겠느냐고 물었다.
⑥　바위가 큰 소리라 '좋다' 라고 했다.

⑦ 우복이 꿈에서 깨어나 '우' 자를 넣어 스스로의 호로 삼기
로 했다.

이로써 보면 「우암설」은 우리나라의 많은 서사문학에 나타
나는 것처럼 '현실–꿈–현실'의 구조로 되어 있다. ①은 꿈 이
전이고, ②에서 ⑥은 꿈속이며, ⑦은 꿈 이후로 설정되어 있기 때
문이다. 이 가운데 ②에서 ⑥은 문답의 형식을 빌려 바위와 우복
이 서로 대화를 나눈 것이다. 바위는 우복에게 자신의 이름을 지
어 달라고 했고, 여기에 따라 우복은 '우암'이라는 이름을 지어
주었다. 처음에는 특이한 것이 없다며 거절하였으나, 바위가 본
질은 형상이 아니라 내면적 덕이라고 하면서, 자신은 강한 기세
의 물살을 버티어 내고 있다고 했다. 이에 우복은 이 바위에게서
어떤 거센 물에도 밀리지 않는 지주砥柱의 의미가 있다는 것을 알
고 '우암'이라 이름 짓고, 꿈에서 깨어나 그 스스로 '우' 자를 넣
어 자호自號하였다.
　「우암설」을 통해 우리는 우복의 '자아'를 읽는다. 그는 밖으
로 드러나는 것은 그 모습이 기이해서 좋아할 만한 것이 없고 쓰
임새도 취할 것이 없지만, 미친 듯 쏟아지는 물줄기에도 우뚝이
서서 버티는 바위, 그 바보 같은 바위를 닮고자 했던 것이다. 우
복이 이러한 바위를 평생 지향했으므로 때로는 투옥되고, 때로는
파직되었다. 그러나 자신이 믿는 바를 바보 같이 꾸준히 지켜갔

다. 이것은 현란한 수사나 기이한 행동으로 세상 사람들의 이목을 놀라게 하는 것이 아니다. 우리는 여기서 자신이 믿는 바를 꿋꿋이 추구하면서 어떤 외압에도 굴복하지 않는 그러한 절조, 그러한 우복을 발견할 수 있다.

3. 애민정신과 '존애'

　　앞서 살핀 「우암설」은 우복 자신의 자기 수양에 근거한 자아 정립과 관련된 것이다. 세상 사람들은 미련하다고 생각할지 모르지만, 어떤 외압에도 굴복하지 않는 지주砥柱 같은 절조로 나타났다. 이것은 바보 바위(우암)로 구체화되었다. 그러나 우복의 생각은 이 같은 개인적인 것에만 한정되지 않았다. 지역사회의 공익을 위하여 끊임없이 고민하였기 때문이다. 이 방면에서 논의할 수 있는 것이 여러 가지가 있겠지만, 지역의 선비들과 함께 낙사계洛社稧를 새롭게 조직하고 존애원存愛院(지방문화재 기념물 제89호)을 설립한 것은 그 대표적이다.

　　우복이 39세 되던 해는 1601년(선조 34)이다. 이해 1월에 둘째

존애원 전경

존애원 편액

아들 학樺이 출생하고, 4월에는 친구들과 우복의 자연을 감상하였으며, 10월에는 교정청당상校正廳堂上에 제수되었다. 소명을 받은 우복은 11월에 제천까지 나아갔으나, 병이 들어 사직을 고한다. 6월에 등에 종기가 나서 거의 죽을 뻔한 전례가 있었기 때문이다. 1602년(선조 25)은 우복이 40세 되던 해인데, 이해 2월에도 승정원좌승지에 제수되었으나 소장을 올려 질병을 이유로 사양하였다. 3월에 예조참의에 제수되었을 때도 부임하지 않았다.

　존애원은 전국 최초의 사설의료기관이다. 우복이 이를 설립할 때는 그가 이런저런 병으로 고생할 때였다. 자신의 몸에 닥친 병마로 인해 다른 사람의 몸에까지 생각이 간절하게 미쳤는지도 모르겠다. 당시 우복은 유년기와 청년기를 보낸 청리면 율리에 있을 때였고, 우복의 생각에 적극 찬동한 사람은 이준李埈과 성람成灠(1556~1620) 등이었다. 우복의 연보 40세조는 존애원과 관련하여 이렇게 기록해 두고 있다.

　　묘지에 이르기를, "당시에 공은 시골에 머물러 있은 지 2년이나 되었다. 이에 뜻을 같이하는 사람들과 더불어 상의하기를, 유마힐維摩詰은 관직에 있었던 사람이 아닌데도 능히 다른 사람의 몸이 아픈 것을 보기를 자신의 몸이 아픈 것처럼 보았다. 우리들은 모두 남에게 은택을 끼쳐 주려는 뜻을 품고 있는 사람들이다. 그런데 유독 동포들을 구제해 주기를 생각하지 않을 수 있겠는가"라고 하였다. 그리고 드디어 각각 돈을 내어 의국醫局을 설치하고는 그 이잣돈을 가지고 약재藥材를 사서 병에 따라 투약하였으며, 선유先儒가 말한 "마음을 보존하고 남을 사랑한다"(存心愛物)는 말을 취해서 그 의국을 '존애원存愛院'(처음에는 존애당이라 하였다)이라고 이름 붙였는데, 그 음덕陰德이 다른 사람에게 미쳐 간 것이 아주 넓고도 컸다" 하였다.

묘지의 기록을 인용한 것인데, 설립 동기와 운영 방법, 존애원이라는 이름의 근거 등을 두루 밝히고 있다. 설립 동기는 동포에게 은택을 끼치려는 생각이고, 운영은 각기 돈을 내어 의국을 설치하고 그 이잣돈으로 약재를 사서 투약하는 것이며, 이름의 근거는 이천伊川 정이程頤(1033~1107)의 '존심애물存心愛物'에 두었다. 여기서 '존심'은 마음을 잘 보존한다는 것이며, '애물'은 사물을 사랑한다는 것이니 수기를 통한 치인의 완성을 이 명칭에서 읽을 수 있다. 존애원은 지역민을 지역민 스스로가 구제하자는 것이 근본적인 취지였다. 지방의 의료환경이 지극히 열악한 상황이므로 이를 타개하자는 의도가 잠복해 있음은 물론이다. 「존애원기」는 이준이 썼는데, 이준은 여기에서 이와 관련하여 다음과 같이 쓰고 있다.

약재는 일 없는 자들을 모아 채취하게 하고 당재唐材는 쌀과

베를 내어 무역하였다. 약재가 이미 구비되면 이를 출납하는 장소가 없을 수 없어 이에 창고를 지어 저장하고, 손님이 날로 모여 숙박할 곳이 있어야 하니 이에 당우堂宇를 세워서 수용하였다. 약을 팔아서 기본 자금을 삼고 나머지는 모으고 늘려서 모든 비용과 재료를 구입하는 데 충당하였는데, 누구든지 약을 구하는 자에게 짐짓 얻게 해 주니 효과가 순식간에 파급되었다. 이에 정 선생의 '존심애물'이란 말을 따서 '존애원'이라 하였다.

대개 다른 사람은 나와 친소親疎가 서로 다르나 모두 천지 사이에 태어나 한 기운을 고르게 받았으니, 마음 가득히 차마 하지 못하는 마음을 미루어 동포를 구제하고 살리는 것이 어찌 사람의 본분을 다하는 것이 아니겠는가. 한 선비가 그 위位는 비록 미미하고 그 시행은 넓지 못하지만 실로 애물愛物하는 마음을 지니고 있다면 반드시 사물을 구제하는 공이 있을 것이다. 이것이 군자가 마음에 지닐 것이며 편액이 취한 뜻이다.

존애원의 운영 방법과 '존애'라는 이름을 갖게 된 배경을 두루 말하고 있다. 이 글에 의하면, 사람의 입장에서 보면 친하고 그렇지 못한 것이 서로 다르지만 하늘의 입장에서 보면 모두 같은 사람이다. 이러한 측면에서 나에게 하늘이 부여한 선한 마음을 근본으로 하여 사물을 사랑하는 마음으로 넓혀가야 한다. 이준은 존심애물에 기반을 둔 존애원의 건립 취지를 이렇게 정리하고 있었던 것이다.

창석 이준은 우복을 달관자達官者로 칭하며 "자비는 보살과 같고, 포부는 나라를 경영하고 세상을 구제하는 데 있었다"라고 하며, 존애원 설립을 우복이 주도하였다고 밝히고 있다. 이처럼 우복이 존애원 설립을 주도하고 상주의 대표적인 학자 이준과 당시 관에서 물러나 처가인 상주에 머물고 있었던 유의儒醫 성람이 주치의를 맡았으니 일이 제대로 이루어지지 않을 수가 없었다.

존애원은 낙사계가 있어 가능했다. 이 계는 상주의 대표적인 13문중이 중심이 되었다. 13문중은 진주정씨晋州鄭氏, 홍양이씨興陽李氏, 여산송씨礪山宋氏, 영산김씨永山金氏, 월성손씨月城孫氏, 청주한씨淸州韓氏, 상산김씨商山金氏, 재령강씨載寧康氏, 단양우씨丹陽禹氏, 회산김씨檜山金氏, 무송윤씨茂松尹氏, 창녕성씨昌寧成氏, 전주이씨全州李氏이다. 이 가운데 무송윤씨는 현재 참여하지 않는다고 한다. 이 낙사계는 우복 시대에 이르러 낙사합계洛社合稧로 거듭나는데, 상주에 존재했던 1566년의 병인계丙寅稧와 1579년의 무인계戊寅稧를 합친 것이다. 우복은 이 합계의 계안 서문에 다음과 같이 썼다.

> 금년 봄에 내가 병으로 인해 관직에서 해임되어 향리로 돌아와 있었는데, 병화兵火를 겪은 뒤끝이라서 모든 일이 스산하기

만 하여 다시는 지난날과 같은 모습이 없었으므로, 죽은 자와 산 자를 생각하매 느꺼운 생각이 들어 슬픈 심정을 스스로 금할 수가 없었다. 그러던 차에 어느 날 부로父老 및 친구들이 모두 나의 집으로 찾아와 자리를 함께하여서는 서로 더불어 같은 말을 다음과 같이 하였다.

"난리를 겪으면서 살아남아 다행히도 우리 마을로 돌아올 수 있었으니, 지난날의 일을 다시금 닦아 좋은 모임을 회복하기를 강구하지 않을 수 없다. 그런데 평소에 서로 어울려 놀던 벗들이 대부분 다 죽고 겨우 우리 몇몇 사람들만 남아 있는 탓에 형체와 그림자만이 쓸쓸하여 항서行序를 이루지 못하니, 서로 마주해 앉을 즈음에 슬픈 감회만을 불러일으키기에 족하다. 그러니 이제 두 계禊를 합하여 하나로 만들어 다 함께 나이를 잊은 채 서로 어울려 즐기는 것만 못하다. 난정蘭亭에서 수계修禊할 때에도 늙은이와 젊은이가 함께 모였으니, 이렇게 하는 것이 의리에 있어서 무엇이 손상되며 반드시 옛 명부에 구애받을 필요가 있겠는가."

그러고는 드디어 서로 더불어서 약조約條를 강정講定하였는데, 모든 규약을 평소에 행하던 바에 의거해 정하면서 약간의 내용을 덧붙이거나 줄였다.

임진왜란을 거치는 동안 계원은 급격하게 줄었고, 오랜 전쟁으로 향민들이 상성常性을 잃고 말았다. 따라서 미풍양속을 회복하고 계승하는 것이 급선무라 하지 않을 수 없었는데, 이를 위하여 낙사계의 전통을 이어 낙사합계를 다시 조직하였던 것이다.[2] 당시 계원은 모두 24인이었는데, 그중에는 부형父兄도 있고 자제도 있었다. 1599년에 합계가 새로 만들어지고, 3년 뒤인 1602년에는 이를 토대로 하여 드디어 존애원을 건립할 수 있게 되었다. 전쟁으로 피폐해진 지역에 대하여 의료행위를 통해 도움을 주기 위한 것이었다.

그러나 존애원의 의료활동은 1782년(정조 6)을 맞아 위기에 봉착하고 만다. 설립된 지 200년도 안 되는 시기였다. 지역의 윤尹 아무개가 무고誣告를 하였기 때문이다. 이로써 당시 낙사계와 존애원 관련 자료들은 변증자료로 제출되어 망실되었고, 따라서 현재까지 남아 있는 자료가 거의 없다. 존애원 무고의 변은 15년 뒤인 1797년(정조 22)에는 완전히 변무辨誣되었다. 낙사계와 존애원이 나라를 위한 것임을 안 정조는 "크도다, 이 계여! 나도 마땅히 여기에 들리라"(大哉, 此稧! 吾當入之)라고 하였다고 한다. 이에 따라 낙사계를 대계大稧로 개명하기에 이른다.

낙사계의 기본적인 목적은 향풍의 진작에 있었다 해도 과언이 아니다. 존애원의 의료기능은 바로 이러한 시각에서 이해되어 마땅하다. 이에 대하여 우복은 「낙사합계서」에서 "우리 고을은 본디 좋은 풍속이 있어 사대부들 사이에 서로 교제하고 젊은 이와 늙은이가 서로 접함에 있어서 모두 예절이 있었다. 큰 예인 향약鄕約 이외에도 마을마다 각각 계稧가 있고 계에는 반드시 규약規約이 있어서 이로써 선왕先王의 예법을 강명講明하였는데, 한결같이 충후함과 화목함을 근본으로 삼았다"라고 하였다. 이러한 생각에 기반을 두고 존애원에서는 경로회라고 할 수 있는 백수회白首會, 경서를 강독하는 강회, 시를 짓는 시회 등도 자연스럽게 개최될 수 있었다.

백수회는 고령자에게 세찬歲饌을 바치는 것으로부터 시작되었다. 1607년 정월대보름에 상산사호商山四皓로 불리는 우곡愚谷 송량宋亮 · 석천石川 김각金覺 · 주일재主一齋 정이홍鄭而弘 · 희암希庵(一號 菊圃) 윤진尹瑱 등을 비롯한 지역에서 나이 많은 사람들에게 세찬을 바쳤다. 이 기능은 존애원이 무고를 입었을 때도 지속되었으며 갑오경장(1894)까지 계승되었다. 이로써 존애원은 상주지역의 향풍을 진작시키고 미풍과 양속을 계승하는 데 많은 역할을 하였다는 것을 알 수 있다. 백수회를 실시할 당시 우복은 다음과 같은 시를 지어 축하했다.

우리 고을의 달존達尊이신 주부主簿 송장宋丈께서는 나이가 일흔넷이고, 현감縣監 김장金丈께서는 일흔둘이고, 나의 숙부께서는 일흔이고, 현감 윤장尹丈께서는 예순일곱인데, 금년 상원일上元日에 의사醫舍의 존애당存愛堂에 모여 잔치하면서 명명하기를 백수회白首會라고 하였으니, 이는 성대한 일이다. 고을 사람들 가운데 혹 머리가 흰 사람들이 소문을 듣고는 술을 차고 찾아왔으며, 나의 벗인 김지덕金知德과 김지복金知復 형제 및 나 경세經世와 종제인 광세光世가 자제子弟로서 모시고 앉아 종일토록 즐겁게 지냈는데, 밝은 달이 뜰 때까지 잔치가 이어졌다. 술이 얼큰하게 달아올라서 율시 한 수를 지어 좌상座上에 바치어 축하하는 마음으로 삼는다.

덕성이 한밤중에 수성 자리 들어가니,	德星夜入壽星墟
자리 가득 어진 이들 모여 잔치하는 때네.	滿坐耆英燕集時
고희의 나이인데 몸은 오히려 건강하고,	年在古稀還健勝
머리 희어 상사商四 같아 각자 모습 기이하네.	皓如商四各環奇
술상 차림 조촐하매 주고받음 빈번하고,	壺觴簡淡過從數
자질들이 곁에 있어 웃음소리 화락하네.	子姪陪隨笑語怡
이 좋은 일 지금부터 해마다 있을 거니,	盛事自今成歲例
선과仙果 나무 손자 가지 자라남을 볼 것이리.	到看仙核長孫枝

위 시에서 '상사商四'라 한 것은 상산사호를 일컫는다. 원래 이들은 진秦나라 말기에 진나라의 학정을 피하여 상산商山에 들어가 숨어 살았다는 네 사람의 은사隱士를 일컫는다. 동원공東園公, 녹리선생甪里先生, 기리계綺里季, 하황공夏黃公이 그들이다. 여기서

는 상산, 즉 상주의 우곡 송량 등을 이들에 비긴 것이다. 창석 이준이 이 시에 대한 차운을 하였고, 훗날 1886년 중수 때 목서木西 손영로孫永老 등이 다시 차운하면서 그 정신을 계승해 갔다.

존애원에서는 강회도 실시되었다. 1602년 12월에 남계南溪 강응철康應哲을 비롯한 여러 선비들이 『중용』을 강론한

존애원 시판

것을 그 대표적인 예로 들 수 있다. 청대淸臺 권상일權相一(1679~1759)이 편찬한 『상산지商山誌』에는 존애원이 아예 「서당」조에 실려 있다. 이것은 존애원의 강학적 기능을 특별히 주목하였기 때문이다. 1886년에 쓴 『존애원신수사적存愛院新修事蹟』 가운데 「절목」의 첫 번째 항에 "당堂은 본래 장로소長老所였으나 근래 서숙書

塾을 겸하게 되었으니 소중한 것이 더욱 특별하다"라고 한 데서도 이러한 강회의 기능이 존애원에서 활발하게 진행되고 있었음을 확인할 수 있다.

시회는 백수회가 개최되는 날 주로 시행되었다. 1726년(영조 2)의 시회에는 백여 명이 모였다고 하고, 1729년(영조 5)의 시회에는 109명이 모였다고 하니, 이 모임의 성대함을 미루어 짐작할 수 있다. 첫 시회가 열린 것은 아마도 백수회가 처음 모인 날인 듯하다. 이때 희암 윤진은 "낙사계 끼친 풍습이 남아(洛社遺風在), 걸출한 선비 여기 모였네(英髦此盍簪), 천백 가닥 머리카락 다 희었는데(盡白千莖髮), 오직 한 마디 마음만은 붉도다(惟丹一寸心)"라고 하면서 당시의 감회를 읊기도 했다.

우복은 지식인의 사회적 책무를 다했다. 그 가운데 전승해 오던 낙사계를 새롭게 조직하여 존애원을 만들고, 거기서 의료를 통해 구휼활동을 하며 병고에 허덕이는 지역민들을 어루만졌다. 그리고 강회를 조직하여 경전을 읽는가 하면, 경로심에 입각하여 노인에게 백수연을 마련해 드리면서 시회를 열기도 했다. 낙동 강 연안지역에 보이는 이 같은 실용주의는 그 이후도 지속되었다고 하겠는데, 우복은 여기서 주도적인 역할을 했다고 해도 과언이 아니다.

4. 민족현실과 '자강'

　　「우암설」에서 읽을 수 있듯이 우복은 자아를 분명히 한 다음, 존애당을 중심으로 한 지역민에 대한 사랑으로 나아갔다. 그러나 그의 활동은 여기에서 제한되지 않았다. 그의 이력이 보여주듯이 그는 조정을 중심으로 활동한 달관達官이었고, 여러 외직을 두루 거친 명관名官이었기 때문이다. 임진왜란을 거치면서 민족적 현실을 심각하게 고민하지 않을 수 없었고, 이 과정에서 조선 스스로가 강해지지 않으면 안 된다는 생각을 절실하게 하게 되었다. 우복의 자강사상自强思想은 바로 이러한 맥락에서 파악할 수 있다.

　　우복은 임란을 맞아 안령산에서 어머니와 동생을 잃었고, 그 자신 또한 독화살에 어깨를 관통 당하여 높은 벼랑에서 떨어져 거의 죽었다가 극적으로 살아나지 않았던가. 이러한 상황을 겪으면서 우복은 상주를 중심으로 의병활동을 전개하였으며, 1594년(선조 27)에 조정으로 복귀하여 육조의 낭관과 삼사의 청직을 두루 역임하면서 항왜를 위한 '자강'에 대한 차자箚子를 올렸다. 1595년(선조 28)에 올린 「옥당청자강차玉堂請自强箚」와 「옥당논시무차玉堂論時務箚」 등이 그러한 것이다. 이후의 다양한 차자箚子나 상소역시 이 자강정신에 기반을 두고 있다고 해도 과언이 아니다.

우복은 '흩어지고 쓰러진 뒤 요행히도 끊어지지 않고 겨우연명하고 있는 것이 마치 머리털 하나로 천 근의 무게를 끌어당기고 있는 것과 같아서, 패망敗亡의 화가 아침저녁 사이에 임박해 있는 상황'(「옥당청자강차」)으로 당대를 파악하고 있었다. 이 때문에 '그야말로 황황하고 급급하여 밥을 먹어도 목구멍으로 내려가지 않는 때'라고 하였다. 여기서 그의 현실 인식을 분명히 읽을 수 있다. 우복은 이러한 위기적 현실을 극복하기 위한 기본 논리가 '자강'에 있다고 생각했다. 다음을 보자.

옛날의 영웅답고 호걸스러운 임금들은 비록 패망하여 다시 어찌해 볼 수 없는 상황에서도 오히려 기운을 더욱 가다듬었으니, 일찍이 좌절되고 실패하였다는 이유로 큰일을 할 뜻을 조금도 중지한 적이 없었습니다. 그러므로 1여旅의 군사, 10승乘

의 병거兵車, 2성城의 땅이 애당초 믿고서 자강自强할 것이 못 되는 것이었으나, 마침내 사력을 다하여 삶을 얻고 망해 가는 것을 보존하여 큰 기업基業을 이미 기울어진 뒤에 공고히 하고, 국가의 운명을 끊어져 가던 나머지에서 연장시켰습니다. 그런데 하물며 지금 극심하게 패망했다고는 하나 의지하여 힘으로 삼을 수 있는 것이 저들보다 몇 갑절이 되고도 남는 데이겠습니까?

예로부터 비상한 변고를 만난 임금들은 반드시 비상한 뜻을 세우고 비상한 계책을 정한 다음에야 쇠망한 것을 부흥시키고 어지러운 것을 바로잡아, 화를 되돌려 복이 되게 해 마침내 비상한 업적을 이룰 수 있었습니다. 참으로 혹시라도 뜻을 먼저 세우지 않거나 계책을 평소에 정해 두지 않은 채, 무너져 쓰러진 것을 그대로 답습하기만 하면서 자강自强하지 못하였을 경우에는, 끝내는 반드시 패망하고 말았습니다. 그러니 어찌 크게 두려워할 만한 일이 아니겠습니까?

앞의 글은 「옥당청자강차」의 일부이고, 뒤의 글은 「옥당논시무차」의 일부이다. 우리는 위의 글을 통해 우복의 생각을 분명히 읽을 수 있다. 지금 패망하여 국가의 운명이 위태롭기는 하나 비상한 계책을 세워 '자강'하게 되면 이를 능히 극복할 수 있다는 것이다. 우복은 자강이 다름 아닌 군왕의 마음에 달려 있다고 보았다. 「옥당청자강차」에서 '이는 전하께서 일념—念으로 자강自强하시는 것이 바로 건乾의 공효功效³를 체인體認하는 것이어서 사업을 시행함에 무슨 일이든 뜻대로 되지 않는 것이 없을 것'이라고 한 데서 이를 명확히 알 수 있다.

일찍이 벽사碧史 이우성李佑成(1925~) 교수는 우복의 자강사상을 '절용節用', '치병治民', '안민安民'으로 설명한 바 있다. 이 셋은 자강사상의 구체적인 방법론이라는 측면에서 중요하다. 위에서 언급한 바 있듯이 한 나라의 자강에 있어 가장 중요한 것은 국왕의 마음이라 보았다. 이를 통하지 않고서는 국가적 자강을 이루어 낼 수 없기 때문이다. 그러나 이러한 추상화된 설명으로는 구체적인 현실을 극복할 수 없으므로, '절용'과 '치병', 그리고 '안민'이라는 방법을 제기한 것이라 하겠다. 이 부분을 조금 자세히 이야기해 보자.

첫째, '절용'에 대해서다. 절용은 국왕과 왕실의 경비를 절약하여 국가 재산을 정상화시키자는 것이다. 이를 위해 왕실 소속의 내수사內需司를 혁파하여 그 수입을 호조戶曹에 돌려 국가 재정에 충당케 하고, 대비전 소속의 갈대밭(蘆田)에 국가에서 둔전屯田을 설치하고 여러 궁가宮家의 어량魚梁과 염분鹽盆에 대해 세금을 받자고 했다. 당시 여러 궁가에서 연해의 어염을 차지하고 나라로부터 면세를 받으며 이익을 독점하였기 때문에 여기에 과세

하여 군비에 보태자는 것이었다. 다음의 글에서도 우복의 절용
정신은 잘 드러난다.

> 신이 또 듣건대, 조사詔使의 행차 때 의주義州부터 국도國都에
> 이르기까지 영접하고 접대하는 예가 극도로 풍성하여, 거기에
> 들어가는 비용이 엄청나게 많다고 합니다. 이에 비록 물력이
> 풍부한 평상시라도 조사의 행차가 한 번 지나가고 나면 연로沿
> 路가 텅 비었는데, 더구나 남아난 것이 얼마 없는 오늘날에는
> 어찌 고갈되는 데 이르지 않겠습니까?

1608년(광해군 1) 임금의 구언求言에 따른 상소문인 「응교구언
소應敎求言疏」의 일부이다. 여기서 보듯이 우복은 절용정신에 입
각하여 명나라 사신을 영접할 때, 이들에 대한 지나친 접대를 반
대한다. 사신에게 베푸는 산대놀이 채붕희彩棚戱도 금하자고 했
다. '예악禮樂의 나라에서 베풀어서는 안 되는 것'이라고 하였지
만 실질적으로는 백성들을 수고롭게 하고 재물을 허비하는 측면
이 있기 때문이다. 이 밖에도 우복은 광해조에 있었던 교하천도
론交河遷都論⁴을 적극적으로 반대하였는데, 이것도 모두 같은 맥락
에서 읽힌다.

둘째, '치병'에 대해서다. 국난을 맞아 병사의 수를 늘이고
이들을 잘 훈련시키는 것은 무엇보다 중요하다. 이를 위하여 우

복은 호패법을 실행할 것을 강력하게 건의했다. 「선혜호패편부의宣惠號牌便否議」를 통해 이것은 자세히 확인된다. 우복은 국가에서 장정을 뽑고 군사를 뽑아 교련함에 있어서는 이 방법 외에 다른 좋은 방책이 없다고 생각했다. 그러나 도탄에 빠진 백성들이 미처 휴식하기도 전에 갑자기 이러한 명령을 내리면 걷잡을 수 없이 흩어질 수가 있으므로 백성들을 깨우쳐서 시행할 것을 당부하기도 했다. 포수砲手를 양성해야 한다는 것도 치병에 관련된 것이다.

> 외적을 방어하는 장비로는 포砲를 사용하는 것보다 더 좋은 것이 없습니다. 그 힘은 먼 데까지 미칠 수 있고, 그 정교함은 적을 명중시킬 수 있으며, 그 우렁찬 소리는 인마人馬를 도망치게 할 수 있습니다. 그러니 참으로 한 군軍에 각각 포수砲手 3,000명씩을 두어 그들을 선봉으로 삼는다면, 제아무리 강한 적이라 하더라도 꺾이지 않을 수 없을 것입니다.

옥당에 있으면서 시무時務에 대해 논하여 올린 차자인 「옥당논시무차」의 일부이다. 여기에서 보듯이 우복은 외적을 방어하는 데는 포砲가 제일이라고 했다. 우복은 구체적으로 "하사도下四道로 하여금 담력과 근력이 있는 장정을 뽑게 하되, 영남과 호남은 각각 3,500명씩, 충청도는 2,500명, 강원도는 500명을 뽑아 보내도록 배정할 경우, 도합 만 명이 됩니다"라고 하면서 이른바 포수만명양성론砲手萬名養成論을 펼쳤던 것이다. 우복은 이렇게 뽑혀 온 이들을 훈련시켜 명사수를 만들면 어떤 강적을 만나더라고 대적할 수 있을 것이라 생각했다.

셋째, '안민'에 대해서다. 우복은 "반드시 안민安民을 근본으로 삼고 치병治兵을 다음으로 삼아야 한다"라고 했다. 그가 홍문관에 있던 시절 여덟 조목으로 나누어 차자를 올린 적이 있었다. 1623년(인조 1)의 일로 당시 우복의 나이 61세였다. 첫째, 큰 뜻을 세울 것(立大志), 둘째, 성학을 부지런히 힘쓸 것(懋聖學), 셋째, 종통을 중하게 할 것(重宗統), 넷째, 효경을 다할 것(盡孝敬), 다섯째, 간쟁을 받아들일 것(納諫諍), 여섯째, 보고 듣는 것을 공정히 할 것(公視聽), 일곱째, 궁궐을 엄숙히 할 것(嚴宮禁), 여덟째, 민심을 안정시킬 것(鎭民心)이 그것이다. 이 가운데 「진민심」이 바로 '안민'에 해당된다. 그 일부를 들어 보자.

백성들은 나라의 근본이 되는 것으로, 근본이 굳으면 나라가 안정되는 것입니다. 이른바 굳다는 것은 안정되어서 흔들리지 않는 것을 말합니다. 인심이 한번 흔들리면 나라는 의지할 곳이 없습니다. 그러므로 이르기를, "적국敵國이 쳐들어오는 변란보다 더 참혹한 것이다"라고 하였는바, 참으로 안에서 붕괴되는 화는 외적이 쳐들어오는 것보다도 더 심한 것입니다. 그런데 나라의 근본이 흔들리는 데에는 두 가지 원인이 있습니다. 힘이 다하여서 지탱하지 못하면 흔들리는 법이고, 마음이 두려워서 편안치 못하면 흔들리는 법입니다. 이는 마치 몸이 병드는 것이 안팎에 원인이 있는 것과 같습니다.

이처럼 생각한 우복은 백성들과 관련한 당시의 형세를 '외방에 사는 백성들의 힘은 고갈되어서 지탱하지 못하고, 경사京師에 사는 백성들의 마음은 두려워서 편안치 못하다'고 판단했다. 여기에 더하여 빈번한 군사 조발과 끊임없는 군량미 징발로 민심이 안정될 수 없다고 했다. 민심을 안정시켜야 한다는 그의 발언은 왜란을 겪고 난 후의 피폐한 조선 현실을 깊이 있게 성찰하고 있기 때문에 가능한 것이었다.

이상과 같이 우복은 구국의 의지를 자강사상으로 표출하였다. 우리는 여기서 한 지식인이 민족적 현실에 대하여 어떻게 고민하고 해결하려고 했는가 하는 것을 이해하게 된다. 임금의 한 마음을 '대근본大根本'으로 생각한 우복은 우선 군왕이 자강에 대한 강력한 의식이 있어야 한다고 했다. 임금의 작은 몸으로 깊은 궁궐 안에 거처하지만, 임금의 한 생각은 결국에는 메아리보다 더 빨리 징험이 드러나, 정치의 득실과 국가의 존망 역시 여기에 달려 있다고 보았기 때문이다. 그러나 이러한 생각이 추상으로 흐를 수 있으므로 구체적인 방안을 모색하기에 이르렀다. '절용', '치병', '안민'이 바로 그것이었다.

주

1) 우복이 孤山書堂(대구시 수성구 성동 소재, 대구시 문화재자료 제15호)에서 개최한 講會도 그 연장선상에서 이해된다. 이곳은 퇴계의 강학처이자 동시에 우복의 강학처이기도 하다. 이 때문에 고산서당 뒤편에 두 선생의 사당이 있었는데, 그 터에 '退陶李先生愚伏鄭先生講學遺墟碑'가 세워져 오늘날까지 전해지게 된 것이다. 편액 '孤山書堂'은 퇴계의 친필이다.

2) 낙사계 주요 조약은 다음과 같다. 進德謹行(덕으로 나아가고 행동을 삼간다), 過失相規(과실을 서로 직언으로 간하여 고친다), 誠愛相接(성심과 사랑으로 서로를 맞이한다), 患難相救(질병이나 어려움을 서로 구제한다), 有慶相賀(좋은 일은 서로 축하한다), 有喪相弔(상사가 있을 때는 서로 조문한다). 이 밖에도 구체적인 규약으로 초상집이 발생하는 경우의 부조, 영전에 제물을 바치는 것, 모임의 날짜, 有司의 임기 등을 제시하기도 했다. 그리고 이러한 11조목의 강령은 孝悌에 있다고 하면서 이 조약을 위반하면 재삼 경계하되 그래도 뉘우치지 않으면 축출한다고 했다.

3) 乾의 功效: 『주역』, 「乾卦」, '象傳'에서 말한바, "하늘의 운행은 건실하니, 군자는 이것으로써 스스로 힘쓰고 쉬지 않는다"(天行健, 君子以自强不息)라는 구절을 염두에 둔 표현이다.

4) 교하천도론: 1612년(광해군 4) 서울을 지금의 파주시 교하로 옮기자는 논의이다. 지리학에 밝은 李懿信은 서울의 地德이 쇠하여 교하로 천도해야 한다고 주장하였다. 그 이유를 임진왜란, 누차의 모반사건, 격화된 당쟁, 그리고 서울 근처 산림의 황폐 등과 함께 강화도와 인접하여 전략상 유리하다는 점도 들었다. 광해군은 깊은 관심을 가지고 三司에 명하여 교하 일대의 지도를 작성하도록 하였다. 조사를 마친 후 천도의 贊否를 정하였는데, 결국 천도는 이루어지지 않았다.

제3장 우복종가의 사람들

1. 종손의 계보

    우복의 선대에 대해서는 이미 언급하였으므로, 여기서는 우복 종손의 계보를 중심으로 알아보기로 한다. 종가는 대종가와 소종가로 구분할 수 있다. 대종가가 시조로부터 대대로 종자宗子로만 이어져 내려오는 집을 의미한다면, 소종가는 중시조로부터 대대로 종자로만 이어져 내려오는 집을 의미한다. 진주정씨 가운데 우복이 출중한 인물로 독립적 계보를 형성하였으니 우복종가는 진주정씨의 대표적인 소종가가 된다. 조정에서 시호를 내리면서 위패를 사당에서 옮기지 않는 것을 불천위不遷位라고 하니, 중시조로 인한 소종가의 성립은 그 자체로 정치적 의미가 있다고 하겠다.

우복의 후손들은 어떻게 우복가를 형성하며 살아왔을까? 여기에 대해서는 일찍이 한국학중앙연구원에서 일차적으로 다룬 것이 있어 많은 참고가 된다. 정택鄭澤을 시조로 한 상주의 진주 정씨, 우복은 그의 9대손이다. 아버지 정여관鄭汝寬(1531~1590)은 합천이씨 이가李軻의 딸과 혼인하여 2남 2녀를 두게 되는데 우복은 그중 첫째였다. 이렇게 태어난 정경세는 나중에 불천위가 되어 종자로 이어져 영남의 대표적인 종가를 형성하게 되었던 것이다. 『진양정씨족보晉陽鄭氏族譜』에 의거하여 우복 종손의 계보를 살펴보면(뒷장 가계도 참조), 우복의 가계는 우복으로부터 15대에 걸쳐 내려와 현재의 종손 춘목椿穆에 이르렀으니, 얼핏 보아도 자손이 매우 번창해 있음을 알 수 있다. 우복의 증손 정석교는 무려 13남매를 두는가 하면, 7남매를 둔 사람만 하더라도 5인이나 된다. 정도응·정주원·정상진·정민수·정용진이 바로 그들이다. 이러한 자손의 번창은 우복가의 홍성을 의미하는 것이기도 해서 주목할 필요가 있다.

우복은 전의이씨全義李氏와 진성이씨眞城李氏 사이에서 심(1597~1625)·학樉(1601~1626)·역㯆, 그리고 두 딸을 두었다. 정심은 문과에 합격하여 홍문관검열檢閱로 재직하였으며 여주이씨驪州李氏 이의활李宜活의 딸에게 장가들었는데, 바로 회재 이언적의 증손녀였다. 특히 주목되는 바는 둘째 딸이 송시열과 양송兩宋으로 불리는 송준길에게 시집갔다는 점이다. 이로써 우복가는 여

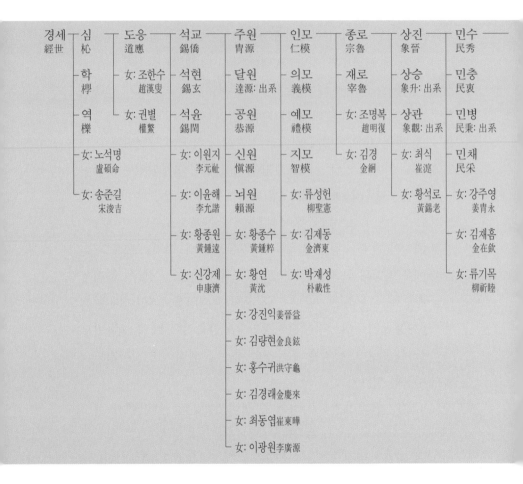

경세 經世	심 杺	도응 道應	석교 錫僑	주원 冑源	인모 仁模	종로 宗魯	상진 象晉	민수 民秀
	학 㯱	女: 조한수 趙漢叟	석현 錫玄	달원 達源: 出系	의모 義模	재로 宰魯	상승 象升: 出系	민충 民衷
	역 櫟	女: 권별 權鱉	석윤 錫闓	공원 恭源	예모 禮模	女: 조명복 趙明復	상관 象觀: 出系	민병 民秉: 出系
	女: 노석명 盧碩命		女: 이원지 李元祉	신원 愼源	지모 智模	女: 김경 金綗	女: 최식 崔湜	민채 民采
	女: 송준길 宋浚吉		女: 이윤해 李允諧	뇌원 賴源	女: 류성헌 柳聖憲		女: 황석로 黃錫老	女: 강주영 姜冑永
			女: 황종원 黃鍾遠	女: 황종수 黃鍾粹	女: 김제동 金濟東			女: 김재흠 金在欽
			女: 신강제 申康濟	女: 황연 黃沇	女: 박재성 朴載性			女: 류기목 柳祈睦
				女: 강진익姜晉益				
				女: 김량현金良鉉				
				女: 홍수귀洪守龜				
				女: 김경래金慶來				
				女: 최동엽崔東曄				
				女: 이광원李廣源				

윤우 允愚	동규 東奎	의묵 宜默	재붕 在鵬	용진 龍鑮	연 演	춘목 椿穆	상엽 想燁
이우 以愚	동기 東箕	용묵 容默	재철 在喆	女: 류시영 柳時泳	환 渙	기목 基穆	수환 樹煥
헌우 憲愚	동익 東翼	관묵 寬默	재긍 在兢	女: 이인식 李仁植	송 淞	女: 성기욱 成耆稶	정인영(女) 鄭仁英
女: 이능형 李能玄	동벽 東璧: 出系	女: 류도현 柳道鉉	女: 박민동 朴民東		옥 沃	女: 이재완 李載完	
女: 장복원 張福遠	동필 東弼		女: 조남달 趙南達		女: 이근필 李根必		
女: 권대연 權大淵	女: 이중린 李中麟				女: 서붕렬 徐鵬烈		
女: 이이현 李以鉉					女: 김시호 金時皜		

러 측면에서 영남과 남인의 범위를 훨씬 벗어날 수 있었다.

정심은 여주이씨 사이에서 도응道應(1618~1667)과 두 딸을 둔다. 정도응은 호를 무첨재無忝齋 혹은 휴암休庵이라 하였으며 과거를 그만두고 학문을 하였는데, 유일로 천거되어 원자보양관 등을 역임하였다. 그는 서애 류성룡의 셋째 아들인 풍산류씨豊山柳氏 류진柳珍의 딸에게 장가들어 석교錫僑(1646~1700)와 석현錫玄(1651~1713)과 석윤錫閏, 그리고 딸 넷을 두었다. 정석교는 호를 환성재喚惺齋라 하였으며 신령과 영양현감 등을 지냈다. 광주이씨廣州李氏 원록元祿의 딸에 장가들어 주원胄源(1686~1756)과 달원達源(1691~1768), 그리고 딸 다섯을 두었으며, 다시 공원恭源 등 3남 3녀를 더 두게 된다.

정주원은 8대가 세거했던 율리를 떠나 우산으로 들어온 바로 그 인물이다. 지금의 우복 종택 산수헌山水軒도 이때 지은 것이다. 그는 호를 엽동燁洞이라 하였으며 장릉참봉을 하였다. 옥산장씨玉山張氏 대유大猷의 딸에게 장가를 들어 인모仁模(1707~1756)를 비롯해서 4남 3녀를 둔다. 정인모는 부림홍씨缶林洪氏 익귀益龜의 딸과 충주박씨忠州朴氏 규장奎章의 딸에게 장가를 들어 종로宗魯(1738~1816)와 재로宰魯(1755~1812) 및 두 딸을 낳았다.

상주 진주정씨의 또 다른 불천위 정종로는 전주이씨全州李氏 민현民顯의 딸을 맞아 상진象晉(1770~1848) 등 3남 2녀를 낳았으며, 정상진은 광주이씨廣州李氏 동호東浩의 딸에게 장가들어 민수民秀

(1786~1843) 등 4남 3녀를 낳았다. 다시 민수는 안동권씨安東權氏 의도義度의 딸을 맞아 윤우允愚(1804~1869) 등 3남 4녀를 낳았으며, 정윤우는 의성김씨義城金氏 재공在恭의 딸과 혼인하여 동규東奎 (1824~1854) 등 5남 1녀를 낳았다.

정동규는 문과에 합격하여 청요직을 두루 수행하였으며, 진성이씨眞城李氏 휘규彙圭의 딸을 맞아 의묵宜默(1847~1906) 등 3남 1녀를 낳았다. 정의묵 역시 증광문과에 합격하여 이로써 우복가는 문과 합격자가 네 명이나 되었다. 그는 동부승지同副承旨 등을 역임하였으며 풍산류씨豊山柳氏 진익進翼의 딸을 맞아 재붕在鵬(1869~1936) 등 3남 2녀를 낳았다. 정재붕은 진성이씨 만윤晩胤의 딸을 맞았으나 아들이 없어 아우 재철在喆의 장자 용진龍鎭(1910~1981)을 양자로 들여 종통을 잇게 하였다. 정용진은 인동장씨仁同張氏 극상克相의 딸을 맞아 연연(1938~1975) 등 4남 3녀를, 정연은 예안이씨禮安李氏 만선萬善의 딸을 맞아 지금의 종손인 춘목椿穆(1966생)을, 정춘목은 경주최씨慶州崔氏 만돈萬敦의 딸을 맞아 상엽想燁(1997생)을 낳았다.

우복가의 세계를 보면 몇 가지 특징이 드러난다. 첫째, 퇴계학파의 주요 문파를 이룬다는 점이다. 우리는 흔히 퇴계학파의 3대 문파를 이야기한다. 김성일로 이어지는 문파, 류성룡으로 이어지는 문파, 정구로 이어지는 문파가 그것이다. 우복이 서애 류성룡의 제자가 되니 자연스럽게 퇴계학파의 주요 문파가 이로써 형성된다. 그 학통은 6대손 입재 정종로를 거쳐 계당 류주목으로 이어져 서애학파의 골간을 형성한다. 우복가가 여기서 매우 중요한 역할을 하는 것은 물론이다.

둘째, 우복가의 혼맥은 기호와 영남을 융합하고 있다는 점이다. 우복의 장자 정심은 회재 이언적의 증손녀에게 장가를 들었고, 차자 정학은 상주의 명문 강연姜淵의 딸에게 장가를 갔으며, 장녀는 노수신盧守愼의 증손에게 시집갔다. 최근에는 용진의 맏딸이 퇴계 종손 이근필李根必에게 시집을 가기도 했다. 이처럼 영남의 명문가와 혼인을 하면서도, 막내딸은 송준길宋浚吉에게 시집을 갔으니, 기호의 집안과 소통하게 된다. 더욱이 우복의 손서孫壻 조한수趙漢叟는 조광조의 5대손이니 우복가가 혼맥이 영남을 훨씬 벗어나고 있다는 것을 알 수 있게 된다.

셋째, 깊은 학문과 높은 사환을 함께 이루어 내었다는 점이다. 우복에서부터 마련된 넉넉한 학문은 가학적 전통을 계승하면서 특히 예학과 성리학적 방면에서 영남의 높은 봉우리를 형성하였다. 정인모의 아들 정종로 대에 이르면 그 문장과 학문으로 영남의 최고봉을 이룬다. 이러한 학문적 깊이뿐만 아니라 우복가는 대과를 네 명이나 내면서 영남의 대표적인 사환가로 명성을 날리기도 한다. 그 네 명은 우복, 정심과 정동규, 그리고 정의묵이다. 이러한 사람들을 중심으로 크고 작은 벼슬을 하면서 그 명망을 드높인 것이다.

넷째, 효심에 기반을 둔 위선사업을 적극적으로 벌였다는 점이다. 우복과 그의 아들, 손자를 거쳐 증손 정도응 대에 이르면 세업世業을 착실히 보존하며 문적이 정리된다. 이를 바탕으로 하여 정종로의 아들과 손자인 정상진·정민수 부자는 선대의 묘도를 정비하고 집안의 문집을 정리한다. 『우복집愚伏集』 중간본과 『입재집立齋集』은 이들의 노력에 의해 간행되었다. 또한 1835년 사림의 협조로 우산서원愚山書院을 건립하여 우복의 위패를 봉안하게 되는데, 이러한 일련의 사업은 우복가에 흐르는 효심의 깊이를 알게 하고도 남는다.

　다섯째, 자손이 번성하여 양자를 거의 들이지 않는다는 점이다. 우복의 종손들은 많게는 13명, 적게는 3명의 자손을 보게 된다. 그러나 경기전慶基殿현감을 지낸 정재봉이 딸만 둘이고 아들이 없어 아우 재철在喆의 아들 용진龍鎭으로 양자를 들인다. 이를 제외하면 모두 적장자로 계승된다. 지금의 종손 정춘목까지 24대를 내려오면서 단 한 번 양자를 들였을 뿐이다. 이는 물론 다른 문중의 부러움의 대상이었다. 자손의 번성은 오늘날까지 이어져서 용진은 4남 3녀, 연은 2남 2녀, 춘목은 2남 1녀의 자녀를 두게 된다.

　우복가의 최대 특징은 퇴계학통을 이으면서도 영남을 넘어서고 있다는 데 있다. 즉 퇴계─서애로 이어지는 퇴계학맥을 이으면서도 송준길을 통해 기호학맥을 접속하고 있기 때문이다.

이러한 측면에서 1702년(숙종 28)에 송준길을 제향하기 위해 세운 상주의 흥암서원興巖書院[5]은 주목을 요한다. 이 서원의 설립은 상주가 송준길의 처향이자 수학처였기 때문에 가능하였다. 이에 숙종은 화양동서원華陽洞書院과 함께 친필 편액을 내렸고, 따라서 상주는 물론이고 영남의 대표적인 노론 서원이 될 수 있었다. 이 것은 상주지역이 갖는 특징이면서 동시에 우복가의 정치적 위상을 말하는 것이기도 하다.

흥암서원

2. 우복과 사위 송준길

　　영남 남인의 대표 우복이 그의 사위를 서인의 영수 동춘당 송준길로 맞았다는 사실은 여러 가지로 의미를 지닌다. 우복이 기호학파와의 교유 속에서 송준길을 사위로 삼았으니 그의 열려 있는 마음을 알 수 있을 뿐만 아니라, 우복가에서는 노론 세력 하에서도 조선 말까지 꾸준히 벼슬을 하게 되는데 여기에도 일정한 관련이 있을 수 있기 때문이다. 낙동강 연안 지역의 학문인 강안학江岸學을 거론할 때 가장 중요한 요소로 지적되는 것이 바로 회통성會通性이다. 이것은 기호와 영남의 회통, 퇴계와 남명의 회통, 이론과 실천의 회통 등 다양한 측면에서 이해된다. 우복이 송준길을 사위로 삼은 것은 이러한 회통성에 근간을 두고 있다고 해

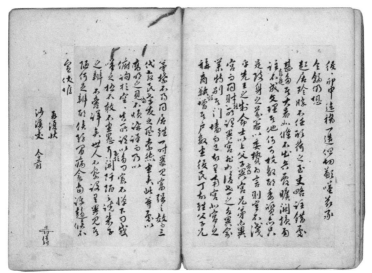

우복이 사계 김장생에게 보낸 간찰(한국학중앙연구원 소장)

야 할 것이다.

우복은 기호 예학의 대가인 사계沙溪 김장생金長生(1548~1631)
과 친밀한 교분을 갖고 있었다. 김장생에 비해 우복은 나이가 15
세나 적었고, 노론과 남인이라는 색목이 서로 달랐지만 둘은 깊
이 사귀며 학문적 편지를 주고받았다. 김장생은 안부와 함께 『소
학』·『대학』·『중용』·『논어』에 대한 의문처를 자신보다 훨씬
나이가 어린 우복에게 물었고, 우복은 정성을 다해 답변했다. 이
러한 과정에서 자연스럽게 김장생의 제자인 송준길을 사위로 보

게 되었던 것이다.

영남지역 양반가에서는 우복이 송준길을 사위로 삼은 것과 관련하여 두 편의 이야기가 광범하게 전해진다. 하나는 무엇 때문에 송준길을 사위로 맞았는가 하는 것이고, 다른 하나는 송준길이 우복의 딸을 어떻게 생각했는가 하는 것이다. 이것은 아마도 이들의 혼인이 여러모로 특별하였기 때문에 생겨났을 것으로 보인다. 설화가 근거를 가진 허구라고 볼 때, 이 역시 허구이기는 하되 근거를 명확히 가진 것으로 볼 수 있다. 두 편의 이야기는 이렇다.

> 우복이 당시 기호학파의 거장이었던 사계 김장생의 집에 사위를 구하러 갔다. 마침 사계는 없고 그 집에 학동 세 명이 글을 읽고 있었다. 우복이 집에 들어가서 상주에 사는 정 아무개라며 자신이 누구인지를 밝히자 세 명은 각기 행동을 달리 했다. 한 사람은 방 안에서 멀뚱거리며 한 번 보더니 인사도 하지 않았다. 또 한 사람은 선생님의 친구가 왔다면서 버선발로 뛰어내려와 호들갑을 떨며 인사를 했다. 그리고 나머지 한 사람은 앉아서 책을 읽고 있다가 일어나 간단히 목례를 한 후 자신이 하던 일을 그대로 하였다.
> 사계가 돌아와 우복을 반갑게 맞이하였다. 그리고 우복은 자신이 찾아온 이유에 대하여 말하고, 문하생들 가운데 장래가

촉망되는 사람이 있으면 사위를 삼을 수 있도록 한 명을 추천해 달라고 했다. 이때 사계는, "오늘 본 학생들은 어떻던가" 하고 물었다. 우복은 자신이 본 대로 느낀 대로 이야기했다. 즉 한 사람은 거만해 보이고, 다른 한 사람은 너무 가벼워 보이고, 나머지 한 사람은 그 가운데쯤 되는 것 같다고 했다. 우복은 여기서 중용에 조금 더 가까운 이를 선택하여 사위로 삼았다. 마지막 사람이 그 사람인데 바로 송준길이다. 방 안에 있으면서 본체만체했던 사람은 송시열이고, 버선발로 뛰어 나왔던 사람은 이유태였다.

우복의 사위가 된 송준길이 혼례를 마치고 신방에 들게 되었다. 송준길은 훤칠한 키에 용모도 수려하였으나 우복의 딸은 박색이었다. 송준길의 실망이 이만저만이 아니었다. 그리하여 송준길은 자신의 아내가 된 우복의 딸에 첫마디로 대뜸 이렇게 물었다.

"부인은 삼종지도三從之道를 아시오?"

이에 우복의 딸 진주정씨는 차분한 목소리로,

"출가 전 집에 있을 때는 아버지를 따르고(在家從父), 시집을 간 후에는 지아비를 따르고(適人從夫), 지아비가 늙으면 아들을 따른다(夫老從子)는 말입니다."

라고 이야기했다. 이에 송준길은

"부인이 틀렸소. 지아비가 '늙으면' (老)이 아니라 지아비가 '죽으면' (死) 자식을 따른다는 것이오. 부인은 어찌 그것도 알지 못하시오."

이렇게 송준길은 실망하며 나무라듯 말했다. 이에 부인이 말했다.

"서방님, 오늘같이 인륜지대사를 치른 날 어찌 차마 '죽을 사 (死) 자를 입에 담으오리까? 그리하여 '늙으면' (老)이라고 했습니다."

송준길이 놀랐다. 이후 송준길은 우복의 딸이 부덕과 영명英明을 함께 갖춘 것을 알고 극진히 아끼면서 해로偕老하였다.

이 두 이야기 모두 흥미롭다. 첫 번째 이야기는 우복이 중용을 소중히 한 사람이며 균형감각이 있는 사람임을 알 수 있게 한다. 적어도 민중은 그렇게 생각했던 것이다. 두 번째 이야기는 송준길이 우복의 현덕賢德한 딸을 만나 행복하게 산 이유를 말했다. 이 두 이야기의 변이형이 다양하게 있지만 그 골격은 비슷하다. 특히 두 번째 이야기는 우복과 함께 송준길과 그 딸이 모두 훌륭하다는 것을 작은 이야기 구도 속에 담아내고 있다.

우복과 동춘당 송준길은 옹서翁婿 간이면서도 사제師弟 간이다. 이 때문에 송준길은 우복 사후 자신의 친구 우암 송시열 등과 함께 장인이자 스승인 우복을 선양하기 위하여 여러 가지로 노력을 하였다. 그 스스로 우복의 손자 정도응과 함께 『우복집』을 만들고 또한 연보와 행장을 썼다. 송시열은 시장諡狀을 썼다. 우복의 만장에 이정구李廷龜·이식李植·장유張維 등 서인 노론계 학자들이 많은 이유도 이와 무관하지 않다. 우복과 송준길은 편지로 안부를 묻고 학문적 담론을 이루어 갔다. 조금만 들여다보자.

편지를 받아 보고 부모님을 모시는 일과 학문 공부를 잘하고 있다는 것을 알았는바, 매우 위로가 되네. 나는 이미 서장書狀을 갖추어 질병을 이유로 사직하였기에 우선 당장은 그럭저럭 편안하게 지내면서 때때로 예전에 닦았던 학업을 다시금 익히매 맛과 아취가 있음을 깨닫겠네. 그러나 몸이 쇠약해짐이 이미 심하여 정력이 능히 감당해 내지 못하기에 한갓 궁려窮廬의 탄식만 토하고 있다네. 이 때문에 그대가 지금처럼 나이가 한창이고 힘이 강한 시절에 미쳐 수십 근의 숯불을 마련해 단약丹藥을 제련해 내고, 나처럼 그럭저럭 세월만 보내다가 때가 지난 다음에 후회하는 일이 없도록 하기를 간절히 바라는 것이네. 나의 이런 마음은 몹시 간절하니, 심상하게 듣지 않는다면 다행이겠네. 조만간 한번 오기를 기다리면서 우선은 다 말하지 않겠네.

사람이 와서 전해 주는 편지를 받아 보고서는 늦가을의 처연

함 가운데 상중에 있는 그대의 근황이 편안하다는 것을 알았는바, 기쁘고 위로되는 마음을 금할 길 없네. 나는 그럭저럭 몸을 보존하고서 엎드려 지내고 있네. 그러나 전에 체차해 주기를 청한 상소가 날짜를 헤아려 보건대 회보가 왔어야만 마땅한데 아직도 오지 않았으므로, 이 때문에 잔뜩 웅크린 채 날짜만 보내고 있네. 평상시에 내가 자네에게 기대하고 있는 것이 얕지 않으니, 궤전饋奠을 올리는 틈틈이 예경禮經을 널리 상고해 보고, 예경을 읽는 여가에는 또 『논어』·『맹자』·『중용』·『대학』·『심경』·『근사록』 등의 여러 책을 다시금 복습하면 다행이겠네. 이 책들은 옛사람이 이른바 "항상 의리義理로써 심흉心胸을 적시게 한다"라는 것들이니, 일상생활을 해 나가는 중에도 이 공부를 빠뜨려서는 안 되네. 나머지 많은 말들은 다 말하지 못하겠네.

앞의 편지는 우복이 1624년(인조 2)에 쓴 것이고 뒤의 편지는 1627년(인조 5)에 쓴 것이다. 송준길이 각각 19세, 22세 되던 해였다. 두 편지 모두 사위가 열심히 공부하기를 바라는 내용이다. 사위 송준길에게 보낸 우복의 편지는 여러 통이 문집에 전하는데 거의 모두가 학문에 대한 내용이다. 송준길은 장인을 존경하는 스승으로 대하였고, 우복 역시 그를 앞길이 유망有望한 제자로 보았기 때문이다. 때로는 별지別紙로 써서 질문을 하고, 우복 역시 자세히 대답했다. 이 때문에 송준길은 우복의 행장과 만사에서 이렇게 쓸 수 있었다.

준길浚吉은 약관의 나이에 선생의 가문으로 장가들었다. 내 비록 매우 어둡고 나약하여 학문에 능하지는 못하지만, 그래도 오늘의 내가 있게 된 것은 모두가 선생이 인도하여 도와주신 덕분이다. 내가 어느덧 만년의 나이가 되고 보니 더욱더 마음 속 깊이 사무치게 느껴지는 바가 있다. 이에 귀로 듣고 눈으로 본 것을 모아 행장을 지어, 당세當世의 입언立言하는 군자가 채택하여 필삭筆削해 주기를 기다린다.

이 못난 소생에게는 차마 말할 수 없는 것이 있습니다. 지난날에 소생은 아주 어리석은 자질을 가지고 있어서 학문을 함에 있어 방향을 몰랐습니다. 그러다가 약관의 나이가 되었을 적에야 비로소 선생의 문하에 나아가 폐백을 바치고 제자가 되었습니다. 그러자 선생께서는 소경이 지팡이를 가지고 땅을 더듬어 길을 찾듯이 하는 소생을 가엾게 여기시어 저에게 평탄하고 드넓은 길을 일러 주시고, 일상생활을 하는 가운데에서나 강설하실 때나 매우 친절하게 가르쳐 주셨습니다. 그리고 연못에 연꽃이 피고 정원에 죽순이 돋아날 때면 지팡이를 짚고 한가로이 거닐면서 한 가지 사물을 만날 적마다 그 사물의 이치를 정성껏 일러 주셨습니다. 제가 어리석고 변변치 못한 탓에 비록 중요한 뜻을 드러내어 말해 주면서 가르쳐 주신 선생의 뜻에 부응하지는 못했으나, 비로소 참다운 학문이 있다는 것을 알고서 소인이 되는 것을 면하게 된 것이 누구의 은혜입니까.

앞의 글은 행장의 일부이고 뒤의 것은 제문의 일부이다. 이로 보면 우복에 대한 송준길의 생각은 장인이라기보다 스승이라는 측면을 더욱 강조한 듯하다. 우복 역시 그에게 항상 부탁하고 독려하였던 것은 학문이었으니, 송준길 역시 당연히 그렇게 생각하였을 것이다. 위의 글에서 송준길 스스로가 말하고 있듯이 오늘의 그가 있게 된 것은 모두가 우복이 인도한 덕분이며, 우복의 가르침을 통해 참다운 학문이 있다는 것을 알고서 소인을 면할 수 있었던 것이다.

일찍이 이곡李穀(1298~1351)은 「사설師說」이라는 글에서, "천자로부터 일반인에 이르기까지 스승을 의지하지 않고 이름을 이룬 자는 있지 않다"(自天子至於庶人, 未有不資其師而成其名者也)라고 한 바 있다. 한유韓愈도 「사설師說」을 통해 스승이란 어떤 존재인가라고 하는 것을 진지하게 이야기하고 있듯이, 우복은 송준길에게 도道를 전하고, 학업을 가르치고, 의혹을 풀어 주었던 것이다. 송준길은 이러한 측면을 특별히 기억하면서 우복을 추념하였던 것이다.

　우복과 송준길, 이들의 관계는 아름답다. 장인과 사위이면서 동시에 스승과 제자였다. 사람들은 이들이 중용의 도를 잘 실천했다고 파악했고, 이 때문에 이러한 아름다운 관계를 가질 수 있었다고 믿었다. 우복은 딸을 송준길에게 맡겼지만 학문으로 독려하였고, 송준길은 우복의 딸에 장가들었지만 다양한 질문을 통해 제자의 예를 반듯하게 갖추었다. 이들의 관계가 이와 같았으므로 우복가는 영남을 훨씬 넘어 학문적 혈연적 소통을 가능할 수 있게 했고, 통합의 논리를 만들어 오랫동안 실천하였던 것이다.

『동춘당집』

3. 아들 정심과 손자 정도응

　　우복의 첫째 아들 정심鄭杺은 1597년(선조 30) 6월에 태어났다. 이때 우복의 나이 35세였다. 둘째 아들 정학鄭㰤은 우복이 39세 되던 해인 1601년(선조 34) 1월에 태어났고, 맏손자 정도응鄭道應은 우복이 56세 되던 해인 1618년(광해군 10) 12월에 태어났다. 아들과 손자에 대하여 남다른 애정을 갖고 있었던 우복은 때로는 편지로 때로는 말로 이들의 학문을 격려하였으며, 기회 닿는 대로 다른 사람에게 이들의 장래를 부탁하기도 했다.

　　『우복집』에 보면 두 아들 심과 학에게 보낸 편지가 여러 통이다. 우복은 서울에 있으면서 상주에 남아 있는 아이들의 공부가 어떠한지를 자주 물었는데, 1612년(광해군 4)에 맏아들에게 편

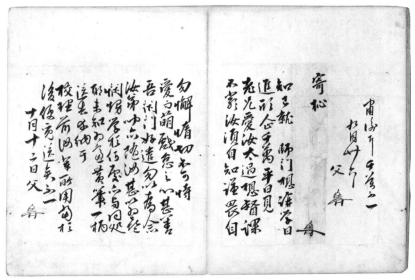

우복이 아들에게 보낸 편지(한국학중앙연구원 소장)

지를 써서 "이미 사문師門으로 나아갔는지, 아니면 아직 어미 곁에 머물러 있는지 모르겠다. 대개 때와 장소에 따라서 본업本業을 잊지 말아 심지心地가 꽉 막히지 않게 하는 것이 좋을 것이다"라고 한 것에서 이를 구체적으로 확인할 수 있다. 본업이란 수기치인修己治人을 근간으로 하는 지식인의 길이다. 이 길을 잊지 말아야 심지가 트일 수 있을 것이라 본 것이다. 부분적이긴 하지만 우복이 그 아들들에게 보낸 편지를 잠시 읽어 보자.

이미 스승의 문하에 나아가게 된 것을 알았다. 강학에 날로 진보가 있을 것을 생각하니 매우 기쁘구나. 평소에 보건대 노형(이준: 필자 주)께서 너를 아끼는 것을 너무 지나치게 하는 것을 보았는데 공부를 함에 있어 엄하지 않을 것으로 생각한다. 너는 모름지기 스스로 삼가고 두려워할 줄 알아, 스스로 해이하고 게으르지 말기를 바란다. 절대 너를 아끼는 것을 믿고 마음 속에서 장난치거나 태만한 생각이 일어나지 않도록 하는 것이 좋겠다.

함녕문咸寧門 밖에서 너의 안색을 보건대 울음을 터뜨릴 것만 같은 모습이었던바, 슬하膝下를 멀리 떠나감에 있어서는 정이 참으로 그와 같을 것이다. 그러나 역시 이를 얼굴빛에 드러내어 병든 아비의 마음을 심란하게 해서는 안 된다. 나는 지금 충주忠州를 향해 가고 있는데, 기운이 자못 평안하고 강건하며, 음식 역시 평상시와 같이 먹고 있으니, 염려하지 말거라.

첫 번째의 편지는 정심에게 답한 편지이고, 두 번째의 것은 둘째 아들 정학에게 보낸 편지이다. 이들 편지에는 따뜻한 부자의 정이 넘쳐흐르고 있다. 정심과 정학은 모두 창석 이준에게 나아가 배웠는데, 창석은 이들을 극히 아꼈다. 그러나 우복은 이것이 오히려 아이들로 하여금 방심하게 하는 요인이 되지 않을까

염려하면서 게을러지지 말기를 당부하였던 것이다. 두 번째 편지는 서울에서 둘째 아들 정학과 이별하는 장면이 상상되는데, 여기서 부자의 애틋한 이별의 정을 느낄 수 있다. 울음을 터뜨릴 것 같아 보이는 학을 타이르며 걱정하지 말도록 하였던 것이다.

우복은 매우 자상한 아버지였다. 멀리 떨어져 있어 제사를 지낼 수 없을 때, 상주에 편지하여 제사를 지낼 때의 축문을 쓰는 방법을 가르쳐 주는 것은 물론이고, 공부하는 태도나 방법 등도 꼼꼼하게 제시해 주었다. 예컨대, 1615년(광해군 7)에 정심에게 편지하여, "경서는 모름지기 의미를 깊이 궁구하여야만 바야흐로 유익함이 있을 것이다"라고 하거나, 형제 모두에게 편지하여, "『시경』을 다시 읽은 뒤에 어떤 책을 읽으려고 하느냐? 나의 뜻으로는 『서경』을 공부하는 것이 마땅할 듯하다"고 한 것이 모두 그것이다.

아버지 우복의 관심과 독려 속에 우복의 맏아들 정심은 열심히 공부하여 1624년(인조 2) 8월 사마양시司馬兩試에 급제하고, 9월 문과에 급제하여 예문관검열藝文館檢閱을 지내기도 했다. 그러나 그는 1625년(인조 3)에 천연두天然痘에 걸려 서울의 집에서 죽고 만다. 당시 정심의 나이 29세였다.

정심이 죽자 우복은 아들의 관棺을 호송하여 상주로 돌아갈 수 있게 해달라고 임금에게 청했다. 그러나 임금은 "정심이 끝내 죽고 말았다니 내가 몹시 애석하게 여기지만, 아들의 상喪 때문

정심의 문과시권(한국학중앙연구원 소장)

에 해직하는 것은 선례先例가 아니다"라며 만류하였으나 우복은
세 번이나 고하였고, 마침내 허락을 받았다. 우복은 죽은 아들을
위해 손수 제문과 묘지墓誌를 써서 명복을 빌었다. 다음은 제문의
들머리다.

아, 슬프다. 너는 지금 나를 버려두고 돌아갔는가. 네가 나를
버렸다고 한다면 사람들이 장차 너를 불효하다고 칭할 것이
니, 내가 차마 그렇게는 못 하겠다. 너는 평소에 어려서부터 장
성함에 이를 때까지 어느 하루도 일찍이 효성을 잊은 적이 없
어서, 잠시 동안이라도 나의 슬하에서 떠나 있으려고 하지 않
았다. 그러니 지금 네가 나를 버리고 돌아간 것이 어찌 네가 하
고자 하던 바였겠는가.

이는 서울에서 영구를 상주로 먼저 보내던 날 발인하며 지은 것이다. 아버지보다 먼저 세상을 뜨기 때문에 세상 사람들이 불효라 할 것이나, "그것이 어찌 너의 뜻이겠느냐?"라고 하면서 마음에 두지 말고 편히 영면하기를 바란다고 했다. 그리고 이어지는 글에서 "오장五臟을 칼로 쪼개는 것만 같고 심신心神은 아득하여 황망하구나. 뜻은 끝이 없으나 말로 다 표현할 수가 없구나"라고 하면서 아버지의 슬픈 마음을 숨김없이 드러냈다.

우복은 총명한 아들을 잃고 난 다음 살아갈 길이 막막했다. 그리하여 "나는 너를 잃고 난 이후로는 인간 세상에 대해서 아무런 미련이 없다. 오직 관직을 벗어 버리고 너의 상구喪柩를 싣고서 남쪽으로 돌아가, 너의 무덤을 만들고 너의 어린 자식을 기르면서 여생을 보내고 싶을 뿐이다"라고 하면서 자식 곁에서 여생을 보내고 싶다고 했다. 우복은 아들의 묘지墓誌에서 부자간에 있었던 이야기 한 토막을 소개했다.

처음에 역사서歷史書를 배웠는데, "하후씨夏后氏 우禹는 곤의 아들이다"라고 한 부분에 이르러 묻기를, "이것은 윗글에서 극곤殛鯀이라고 한 곳의 그 곤입니까?" 하기에, 그렇다고 하였다. 그러자 다시 묻기를, "그렇다면 우는 성인이 아닙니까?" 하기에, 성인이라고 하였다. 그러자 또다시 묻기를, "순임금이 자신의 아버지를 죽였는데도 신하로서 그를 섬기다니,

성인이란 분은 참으로 이와 같은 것입니까?' 하기에, 내가 말하기를, "임금과 아버지는 서로 간에 경중이 없는 법이다. 그러므로 아버지가 죄가 없는데도 임금이 죽였다면 의리에 있어서 섬길 수가 없는 것이지만, 아버지가 죄가 있어서 주벌을 받았다면 임금을 원망할 수는 없는 법이다" 하니, 고개를 끄덕이기는 하면서도 미심쩍어 하였다. 이에 또 말해 주기를, "이른바 극殛이라는 것은 죽인 것이 아니라 단지 옥에 가둔 것일 뿐이다" 하니, 그제야 의심이 풀리는 것 같았다.

여기서 우리는 정심이 어려서부터 매우 총명하였다는 것을 알 수 있고, 이것을 우복이 특기한 것이다. 역사서에 등장하는 인물을 두고 부자가 나눈 대화를 소개하며 우복은 안타까운 마음을 그치지 못했다. 여러 사례를 들어 맏아들의 총명한 점을 든 우복은 그의 학문적 자질을 칭찬함과 함께 그가 어버이를 섬기고 동생과 우애롭게 지내는 데 특별히 힘썼다고 하기도 했다. 이것은 그가 문사文詞를 익히는 것보다 더 중요한 것이 바로 어버이의 섬김과 형제간의 우애라는 것을 알았기 때문일 터이다.

정심의 동생 정학, 그도 1626년 11월 28일에 향년 26세로 세상을 뜬다. 형이 죽은 지 1년 8개월 뒤였다. 우복은 가슴이 미어지는 것만 같았다. 제문을 지어, "아, 슬프구나. 네가 이 인간 세상에 와서 나와 더불어 부자지간父子之間이 된 것이 겨우 스물여섯 해밖에 되지 않았는데 죽고 말았구나!"라고 하면서 통곡하였다. 그리고 다음과 같이 제문을 이어 갔다.

너의 형이 죽었을 때 나의 비통한 마음은 마치 하늘을 잃은 것과 같았으니 어찌 끝이 있었겠느냐? 그러나 당시에는 그래도 스스로 위로할 만한 것이 있었으니, 바로 네가 눈앞에 살아 있어서 뒷일을 부탁할 수 있었기 때문이다. 그런데 이제 네가 죽고 말았으니, 내가 누구를 믿고서 조금이라도 나의 마음을 위로할 수 있겠느냐?

우복은 둘째 아들의 죽음을 더욱 안타까워하였다. 공부의 결과를 보지 못했기 때문이다. 첫째 아들은 그래도 대과에 급제하여 일월日月의 광채를 가까이에서 보아 세상 사람들이 알아주지만, 둘째는 진실되고 순후한 자질과 효성스럽고 우애로운 행실을 지니고 길게 뻗어 나갈 것을 기약할 수 있었는데 중도에 꺾이고 말았다. 우복은 더욱이 벼슬에 얽매여 둘째가 아파도 약을 달일 수 없었고, 죽어도 관렴棺殮할 수 없었으며, 장사 지내도 무덤에 갈 수 없었다. 이러한 한을 안고 우복은 둘째를 영결해야만 했다.

요절한 정심은 아들 도응道應을 두었다. 바로 우복의 손자이다.[6] 그는 일찍이 과거를 단념하고 임하林下에서 학문을 하고자 했다. 우복은 손자에 대해서도 특별한 관심을 갖고 있었다. 1623

년(인조 10) 송준길이 상주에 가서 장인 우복을 찾아 뵐 때, 우복은 손자 정도응의 앞날을 그에게 부탁하기도 했다. 송준길의 연보 27세조에, "문장공이 그 손자 정도응鄭道應을 선생께 부탁하였다. 정도응은 뒤에 학문과 덕행德行으로 이름이 났다"라고 한 대목에서 이를 확인할 수 있다. 그는 송준길의 문하에 들어가 수학하였고, 30대에 이미 학행이 알려져 1648년(인조 26)에 유일로 천거되어 교관에 임명되었다. 한 번은 송준길이 정도응에게 이런 편지를 쓴 적이 있다.

> 영남에서 온 사람마다 그대를 '대유大儒'로 칭찬하니, 그 명성이 과연 실제보다 지나친 명성이 아닌가. 명성은 두려운 것이지 기쁜 것이 아니니, 부디 위기爲己의 학문을 하여 내면을 채워, 실제가 명성보다 지나치게 하게나. 그리고 또 반드시 재능을 감추어 어지러운 세상에서 몸을 보전하는 방법으로 삼으면 매우 다행이겠네.

송준길이 1636년(인조 17)에 쓴 편지이다. 여기서 우리는 그가 정도응에게 보인 스승으로서의 준엄함을 본다. 송준길은 정도응에게 위기지학爲己之學으로 내실을 기해 명성이 지나치게 드러나지 않도록 하라고 했다. 어지러운 세상에 몸을 보전하는 방법이 아니기 때문이다. 송준길은 처향인 상주에 10년 동안 머물면서 정심과 정학 등 처남들과 함께 공부하였고, 처조카인 정도응을 제자로 맞는다. 그리고 서울에 있으면서, 영남에서 온 사람들 가운데 정도응을 칭찬하는 말을 여러 번 듣고 이것을 경계하라며 간단하면서도 단호한 당부를 하였던 것이다.

정도응은 조부 우복을 기리기 위하여 많은 노력을 한다. 1654년(효종 5)에 조부의 신도비명을 용주龍洲 조경趙絅(1584~1669)에게 부탁하기도 하고, 1656년(효종 7)에 송준길이 쓴 조부의 행장을 여러 사람들과 교정하기도 한다. 우암尤庵 송시열宋時烈(1607~1689)이 시장諡狀을 쓰고, 1665년(현종 6)에 이조정랑吏曹正郎 여성제呂聖齊가 왕명을 받들고 와서 우복의 시호를 선포할 때도 정도응이 수령으로 있는 창녕현 관아에서 했다. 그러나 정도응 역시 일찍 죽고 말았다. 향년이 겨우 50세였다. 이때 송준길은 그의 만사에서 이렇게 썼다.

그대 우로愚老의 어진 손자로,	爾是愚老之賢孫
복을 내리는 것에 천도가 있는 법.	錫衍垂休天道存
어찌 인사가 이 같을 줄 알았으리.	那知人事遽如許
내 하늘에 물어도 하늘은 말이 없구려.	我欲問天天不語
집에 남은 노친과 두 고아,	堂中鶴髮二孤兒
길 가는 사람마저 슬픔을 더하네.	行路亦爲增悽悲
꿈에서 정한 산양은 하늘이 준 자리인데,	山陽夢卜天所畀

십 리의 연꽃 밭도 함께 기이하네.	十里荷花共奇異
푸른 안개 기운 짙게 서려 어둑한데,	青霞奇氣鬱不暘
지하에는 언제 다시 새벽이 올까.	夜臺再晨何時望
우로의 문생으로 나만이 남았으니,	愚老門生惟我在
가만히 죽은 이 생각하니 눈물 흐르네.	靜念存歿雙垂涕
그대 집안 노인들 만약 나를 묻거든,	君家諸老若問我
머지않아 지하로 올 것이라 말해 주시게.	爲言幾何隨泉下

제자이자 처조카의 죽음을 슬퍼하는 마음이 곡진하다. 여기서 말하는 우로愚老는 우복이고, 집안의 노친은 그 어머니 여주이씨이며, 두 고아는 아들 석교錫僑와 석현錫玄이다. 송준길은 스승 우복을 언급하면서 슬퍼하는 가족의 마음을 어루만졌다. 그리고 그 역시 죽을 날이 얼마 남지 않아 저승으로 갈 것이라 했다. 만사에서 '꿈에서 정한 산양은 하늘이 준 자리'라고 한 것으로 보아, 정도응 스스로 묏자리를 문경의 산양山陽으로 정하는 꿈을 꾸고 거기에 묻혔던 것으로 보인다.

정심과 정도응 부자, 이들은 비록 오래 살지는 못하였지만 우복의 아름다운 아들이며 손자였다. 이들 사이에 정심의 매부이자 정도응의 고모부인 송준길은 매우 중요한 존재였다. 그는 정심과 함께 공부하였고, 그의 아들 정도응을 문하생으로 받아 가르쳤으며, 장인이자 스승인 우복을 기리기 위해 다양한 일을

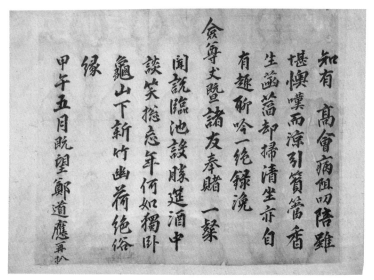

정도응의 서간(한국학중앙연구원 소장)

함께하였다. 동몽교관童蒙敎官으로 나갔다가 장인 우복의 죽음으로 사퇴한 적이 있던 송준길이 아니던가. 따라서 우복은 이들로 인해 그의 학문과 사상이 오늘날까지 제대로 전해졌다고 해도 과언이 아니다.

4. 6대손 정종로와 11대손 정의묵

입재立齋 정종로鄭宗魯(1738~1816)는 우복가는 물론이고 영남 학파에서도 매우 중요한 인물이다. 선세先世를 위한 다양한 일을 주도하여 우복가에서는 중흥조가 되었다. 영남학파에서는 서애 류성룡의 학맥이 우복을 거쳐 수암修巖 류진柳袗(1582~1635), 그리 고 손자 정도응으로 내려오는데, 정도응은 바로 정종로의 고조부 다. 이처럼 류성룡의 학맥을 계승하면서도, 대산 이상정과 백불 암 최흥원의 문하에 들었으니, 학봉 김성일의 학맥과 한강 정구 의 학맥도 수용한다.

정조正祖가 어느 날 재상 채제공蔡濟恭(1720~1799)에게 정종로 의 인품을 물은 적이 있었다. 이때 채제공은 그를 '경학과 문장이 융성하여 영남 제1의 인물'로 칭송하였다. 이것은 당시 그에 대한 인식과 평가가 영남에서 어떠하였던가 하는 것을 단적으로 보여 주는 대표적인 사례가 된다. 이처럼 정종로는 영남에서 경학과 문장, 이 양면에서 탁월한 능력을 보이며 우뚝 섰던 것이다.

입재는 우복의 6대손이다. 그는 선대의 사업을 빛내기 위하여 가문 내적으로 많은 노력을 기울였다. 21세에 우복의 신도비를 세우는 일을 주선하여 완성시켰으며, 25세에는 우복의 묘소 아래 재사齋舍를 중건하였다. 그리고 44세에는 고조 정도응의 묘 아래에 있는 재사를 중수하였고, 68세에는 고조부 정도응, 조부 정주원, 부 정인모, 삼촌 정의모·예모·지모 등의 행장을 지었다. 우복이 우산동천에 들어와 공부하던 계정을 생각하며 이를 복원하고 그 옆에 다시 대산루를 따로 지은 것도 정종로다.

입재는 6대조 우복을 특별히 존경하면서 학문을 독실하게 하였는데, 조부 정주원으로부터 공부를 시작하였으며 청소년기에는 중부 정의모鄭義模에게 나아가 학문을 연마하였다. 그러나 19세 되던 해에 조부 정주원과 아버지 정인모, 중부 정의모가 잇달아 세상을 뜨게 되면서 뚜렷한 스승 없이 40세가 될 때까지 숙부 정지모鄭智模의 훈도를 받으며 지낸 듯하다. 이 과정에서 중국의 역대 사서는 물론이고 문장가의 서적을 두루 탐독하면서 학문과 문장에 대한 탄탄한 실력을 닦게 된다.

입재의 생애에서 가장 중요한 것은 아마도 30세 무렵이 아닌

유묵 – 입재(한국학중앙연구원 소장)

가 한다. 공자는 일찍이 자신의 학문과정을 나이에 따라 이야기하면서 '삼십에는 섰다'(三十而立)라고 한 바 있다. 그는 여기서 취하여 스스로의 호를 입재立齋라 하였던 것이다. '입'은 자립自立을 의미한다. 이때부터 그는 스스로 뚜렷한 주관을 가지고 세계를 이해하고 또 해석해 내었다. 지키는 것이 견고하기 때문에 이리저리 방황하면서 새롭게 일삼는 바가 없었으니 더욱 정밀하게 자신의 세계로 들어갈 수 있게 되었던 것이다.

그렇다면 입재는 무엇으로 '자립' 하였을까? 문장이나 과거의 공부가 아닌 거경궁리居敬窮理가 바로 그것이었다. 이것은 위기지학爲己之學의 근간을 이루는 것으로 유가 수양론의 핵심이 된다. 이 학문에 매진하여 대성한 사람이 주자와 퇴계이니, 이들을 표준으로 삼아 『소학』을 읽으며 실천하였고, 사서와 『심경心經』 등의 성리서를 읽으며 인간과 우주에 대한 이해를 깊이 있게 하였다. 이러한 사실을 생각하면서 다음과 같은 시를 지었다.

도는 높고 힘은 한계가 있는데,	道高力有限
세월이 흐르니 젊음은 때가 없다네.	年往少無時
공자의 이립而立도 배우지 못했는데,	未學宣尼立
부질없이 거백옥처럼 알아주기를 생각했네.	空懷伯玉知

입재는 「원일서회元日書懷」라는 시를 여섯 수 지은 바 있다. 위의 시는 그 첫 수이다. 이에 의하면 원단元旦을 맞아 자신을 심각하게 반성하고 있다. 거백옥蘧伯玉은 50세의 나이에 이전 49년이 잘못되었다며 크게 깨달았다고 하지 않았던가! 이 때문에 50세를 다른 말로 지비知非라고도 하는데, 입재는 이를 통해 깨달은 바가 오히려 많았다. 입지立志도 되지 않은 상태에서 너무 조급하게 거백옥이 되기를 희망했다는 것이 그것이다.

거백옥은 위나라의 어진 대부로, 충신 사어史魚가 죽으면서까지 임금에게 추천했던 인물이었으며, 공자가 "군자로다. 거백옥이여. 나라에 도가 있으면 벼슬하고, 나라에 도가 없으면 거두어 숨을 수 있다"(君子哉. 蘧伯玉, 邦有道則仕, 邦無道則可卷而懷之)라며

칭송했던 인물이다. 훗날 입재는 스스로의 문장관을 비판하기도
한다.

> 젊었을 때 마음속으로 생각하기를, "학문은 비록 의리를 주로
> 하더라도 만약 문장이 없다면 그 뜻을 말해 전달하기가 어려
> 울 것이다"라고 하여 마침내 경전과 정자, 주자의 글 이외에
> 제자백가를 익숙하게 읽지 않은 것이 없었다. 문장을 지을 때
> 는 반드시 까다롭게 하여 읽기 어렵게 하였다. 홀연히 다시 생
> 각하니 매우 가소로운 일이었다. 우리 유가의 문법이 어찌 일
> 찍이 구두를 험하게 한 것이 있었던가. 이에 그전에 공부한 것
> 을 모두 버리고 평실平實하기에 힘썼다.

위는 입재 언행록의 일부이다. 이에 의하면 문장을 짓더라
도 문장가의 문장이 아니라 도학자의 문장을 지어야 한다고 하였
다. 그것은 다름 아닌 '평실平實'의 미의식에 기반을 두어야 한다
는 것이다. 이것이 가져다주는 미감美感은 세상의 이목을 놀라게
하는 기고奇高에서 발생하는 것이 아니다. 험벽한 것을 배제하고
인간의 일상을 근간으로 하는 담박하면서도 효용성이 담보되어
있는 그러한 유학적 글쓰기를 해야 한다는 것이다.

끊임없는 자기반성으로 학문을 추구하던 입재 정종로, 이에
대한 한계를 느끼며 스승을 찾아 나선 것은 40세 때이다. 대산大

敎旨

鄭宗魯爲朝奉
大夫行司憲府
持平者

嘉慶元年七月十五日

山 이상정李象靖, 남야南野 박손경朴孫慶, 백불암百弗庵 최흥원崔興遠
등 영남을 대표하는 당대의 유학자들이 바로 그들이었다. 그리
고 손재損齋 남한조南漢朝나 천사川沙 김종덕金宗德 등과 도의교道
義交를 맺으면서 이들을 평생 동안 학문적 동지로 삼기도 했다.

52세(1789년) 때 학문과 행의로 천거되어 광릉참봉光陵參奉, 의
금부도사義禁府都事 등에 제수되나 나아가지 않았고, 59세(1796년)
에 사포서별제司圃署別提, 사헌부지평司憲府持平에 임명되었으나

『입재집』

관직은 받아들였지만 출사하지는 않았다. 산림의 역할이 축소되어 커다란 의미를 가질 수 없었기 때문이다. 우리는 여기서 그가 30세에 세운 뜻이 어떤 것이었는가 하는 것을 바로 알 수가 있다.

벼슬을 하지는 않았지만 조정의 부름은 입재의 명망을 알 수 있게 하는 중요한 대목이다. 이로써 세상을 떠난 79세까지 그는 영남의 남인 학계를 대표하며 강학과 저술활동에 매진하였다. 그의 문집은 사후 19년이 지난 1835년(헌종 1)에 24책으로 발간되었고, 이듬해인 1836년(헌종 2)에 종가 인근에 세운 우산서원愚山書院에 우복과 함께 배향되었다. 이뿐만 아니라 영남 유림의 공론에 따라 향불천위로 모셔져 오늘날까지 제향되고 있다.

정의묵鄭宜默(1847~1906)은 자가 맹제孟齊, 호가 긍재肯齋로 우복의 11대손이다. 그는 가학을 기반으로 하여 당대의 명유였던 계당溪堂 류주목柳疇睦(1813~1872)의 문하에 들어가 학문을 익혔으니, 우복종가에 내려오는 서애학통을 착실하게 계승했다고 하겠다. '맹제'라는 그의 자도 류주목이 지은 것이다. 류주목은 긍재 정의묵의 관례에 빈으로 초빙되어 그에게 자를 지어 주고 자사字辭로 축하했다. 이 글 가운데 특별히 주목되는 것은 다음 부분이다.

높디높은 우복 선생,	巍巍愚爺
백대의 종사이시네.	百代宗師
퇴계의 재적전이요,	陶山再嫡
주자를 멀리서 이어받으셨네.	紫陽遠嗣
무첨재에서 거듭 계승하시고,	无忝仍之
입재 선생께서 다시 일어나셨네.	立老復起

위대한 우복의 후손임을 말하면서, 우복은 주자의 도를 이어받은 퇴계의 적전이라고 했다. 원문에 재적再嫡이라 한 것은 류성룡을 거쳐 우복으로 그 도가 전해졌기 때문이다. 무첨재는 우복의 손자 정도응이고, 입재는 우복의 6대손이며, 정의묵은 입재의 5대손이다. 류주목이 이렇게 적고 있는 것은 가학을 통해 계승되고 있는 서애학통이 긍재 정의묵의 몸에 이어지고 있다는 것을 보이기 위함이었다.

정의묵 홍패(한국학중앙연구원 소장)

　　긍재 정의묵의 자 맹제孟齊에서 '맹'은 첫째라는 뜻이며, '제'는 제가齊家에서 따온 것이다. 이 때문에 류주목은 "몸을 닦는 것은, 집을 마땅히 하기 위함"(所修於身, 宜家之由)이라고 하면서, "너의 이름을 의宜로 하였으니, 자를 제齊로 한다"(爾名以宜, 字而以齊)라고 하였던 것이다. 우리는 여기서 류주목이 정의묵의 자사를 쓰면서 가학적 전통을 얼마나 심각하게 고민하고 있는지를 알게 된다. '의가宜家', 곧 '제가齊家'는 우복가를 지키는 중요한 원리이기 때문이다.

긍재는 이러한 우복의 정신을 계승하며 종손으로서의 책무를 지키기 위하여 고된 노력을 하였고, 조정에 출사하는 것을 통해 이를 실현하고자 했다. 이 때문에 1879년(고종 16) 진사를 거쳐 1885년(고종 22) 증광문과增廣文科에 합격할 수 있었다. 이렇게 해서 우복가의 4대 문과합격자가 나오게 되었던 것이다. 그는 대과 급제 후 문한직을 두루 거친다. 홍문관 교리·수찬·응교 등이 대체로 그러한 것이다. 이후 당상관에 올라 병조참의·동부승지·안동도호부사 등을 역임하면서 다양한 환력을 지닌다.

1893년(고종 30)에 고종 즉위 30년을 기념하여 강녕전康寧殿에서 잔치가 열렸고, 고종의 원운元韻에 따라 영의정 김병국金炳國을 비롯해서 여러 신하들이 화답시를 지어 올렸다. 당시 긍재는 좌시직左侍直의 직책으로 시를 올렸다. 여기서 그는 "오늘이 어떤 날인고(今日是何日), 하늘이 우리 동방을 보우하시네(皇天佑我東). 아! 천만세로 영원하길(於千萬萬歲), 손을 맞잡고 절하며 끝없이 축원한다네(拜手祝無窮)"라고 하였다. 당시의 갱운시첩賡韻詩帖이 아직까지 남아 있어, 긍재의 환로를 알 수 있게 한다.

긍재가 1894년 영남우도 소모사召募使에 임명되어 활동한 것도 특기할 만하다. 정묘호란 당시 경상좌도호소사慶尙左道號召使로 활동한 우복, 병인양요 당시 소모사의 직책을 수행한 조부 정

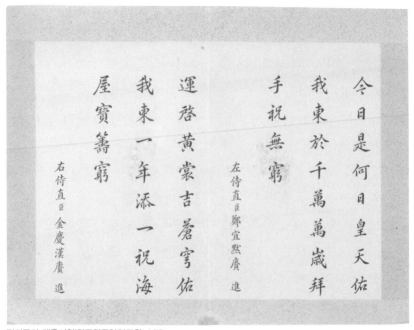

정의묵의 갱운시첩(한국학중앙연구원 소장)

윤우鄭允愚의 경우도 있어 우복가의 국가적 책무와 활약을 짐작
케 한다. 긍재는 당시의 일을 『소모일기召募日記』 등을 통해 기록
하여 오늘에 남긴다. 『소모일기』는 1894년 10월 17일부터 1895
년 1월 27일까지의 상황을 기록한 것이다.

　　당시 조정은 동학농민군의 2차 봉기에 직면하게 되었고, 각
지방에서 농민군을 토벌하기 위해 결성된 민보군民堡軍의 지휘자

에게 모관이라는 직함을 주어 그들의 활동을 도왔다. 이때 긍재는 향촌의 양반세력을 결집하며 힘을 다해 영남의 안정을 꾀하였다. 이 밖에도 그는 우복을 위하여 많은 사업을 하였다. 『우복별집』의 발간이라든가, 우복의 묘비를 건립한 것은 그 대표적이다. 그는 나라의 녹을 먹는 관료로서, 혹은 우복의 종손으로서 그 책무를 성실하게 수행하였던 것이다.

입재는 학문을 하였고, 긍재는 벼슬을 하였다. 학문과 벼슬은 우복가를 지탱하는 대표적인 두 기둥이다. 때로는 학문을 하기도 하고, 때로는 벼슬을 하기도 하여 다소 편향된 측면을 보이기도 하지만, 우복의 종손들은 이 둘을 겸비하기 위해 노력하였다. 대조大祖 우복이 그러하였기 때문이다. 입재와 긍재의 경우, 우복의 어느 한쪽 면을 계승하였다. 그러나 우복가의 전통은 이둘을 겸비하는 것이었고, 그것은 마침내 영남에서는 찾기 힘든 우복가의 전통이 되었던 것이다.

주

5) 興巖書院: 경상북도 상주시 연원동에 있는 서원으로, 1702년(숙종 28) 지방 유림의 공의로 宋浚吉의 학문과 덕행을 추모하기 위해 창건하여 위패를 모셨다. 1871년(고종 8)에 사액서원 652개 가운데 47개가 남는데, 이때 송준길을 모신 서원으로 흥암서원이 유일하게 남는다. 송준길을 모셨던 서원으로는 공주 · 옥천 · 문의 · 회덕 · 연산 · 연기 · 상주 · 안의의 8곳이었다.

6) 『진양정씨족보』에는 정심의 아들로 정도응만 등재되어 있다. 그러나 우복

이 지은 정심의 제문에 의하면 그가 세상을 뜨기 하루 전에 태어난 아들이 있었다고 한다. 이런 기막힌 사정에 대하여 우복은, "네가 죽기 하루 전에 너의 처가 고향 집에서 분만하여 사내아이를 낳았다. 그로부터 닷새 뒤에 너의 부음을 듣게 되었으니, 극도로 놀랍고 애통하여, 이치로 따져 보면 몸을 보전하기가 힘들 것이다. 그럴 경우에는 어미와 아들이 함께 몸을 상하게 될 것이다. 조물주 역시 어찌 차마 너의 온 집안사람들을 다 죽이기야 하겠는가. 그러할 이치가 없을 것이다. 그러나 이치라는 것도 때로는 믿을 수가 없으니, 네가 밤낮으로 걱정하는 것도 오직 여기에 있을 것이다. 母子가 온전하다는 것을 너는 아는가, 모르는가"라고 하면서 애통해 마지않았다. 정심의 졸년이 1625년이고 정도응의 생년이 1618년인 것으로 보아, 이때 태어난 사람은 정도응의 동생이었던 것으로 보인다.

제4장 종가의 유품과 문자향

1. 종가의 유품들

　　한국학중앙연구원에서는 1999년과 2000년에 두 차례에 걸쳐 그동안 우복종택 산수헌山水軒에 보관되어 오던 전적류를 조사 수집 정리한 바 있다. 이들 자료는 산수헌 대문채에 보관해 오던 것으로, 1948년 11월 화재를 겪고 남은 것들이다. 화재로 인해 많은 분량이 소실되었음에도 불구하고, 화마를 피해 남아 있는 자료가 여전히 방대하다. 이를 종손 정춘목鄭椿穆은 한국학중앙연구원이나 한국국학진흥원에 기꺼이 기탁하여 한국학 발전에 도움이 되도록 했다. 장한 일이라 하지 않을 수 없다.

　　2011년 7월 5일자 연합뉴스, 「고문서는 가문의 유물 아닌 국가 재산」이라는 기사가 있다. 당시 한국학중앙연구원 장서각 개

관식에 즈음하여 고문서를 기탁하거나 기증한 전국 43개 가문 중 8개 가문 대표들이 한국학중앙연구원이 마련한 기자간담회에서 고문서 기탁·기증과 관련한 계기라든가 일화를 차례로 털어놓았다. 이때 우복의 종손 정춘목은 "기탁을 하니 도난과 멸실로부터 자유로워져서 좋다"라고 하면서 "우리 가문 자료가 자유롭게 공개되고 학술적으로 연구된다면 더 바랄 나위가 없다"라고 했다고 한다.

한국학중앙연구원에서는 우복종가에 있는 전적들을 중심으로 자료집을 냈다. 『선비가의 학문과 벼슬―진주정씨 우복종택』(2004년), 『진주정씨 우복종택 기탁전적』(2006년), 『고문서집성88―상주 진주정씨 우복종택편』, 『우복 정경세 특별전 도록』(2011년)이 그것이다. 여기에는 종가의 고전적들이 체계적으로 소개되어 있어 우복가를 이해하는 데 많은 도움을 준다. 논고는 대체로 당시 책임연구원으로 있던 김학수 선생이 맡았다. 이 책의 제4장 「종가의 유품과 문자향」 역시 한국학중앙연구원의 이러한 노력을 바탕으로 하여 쓰인 것은 물론이다.

우복종가에 대대로 내려오는 유품은 우복의 것과 그의 11대손 긍재 정의묵의 것이 가장 많다. 우복 관련 유품으로는 호패號牌를 비롯해서 청려장靑藜杖, 벼루 등이 있고, 긍재의 것으로는 금량관金梁冠을 비롯해서 상복常服과 목화木靴, 그리고 각대 등이 남아 있다. 이렇게 두 사람의 것이 많이 남아 있는 이유는 우복이 종가의 대표적인 불천위이기 때문이고, 긍재는 시대도 가까울 뿐만 아니라 이 종가의 마지막 문과급제자로서 현달하였기 때문이다. 이 밖에 종가에 전해지는 다양한 인장이 있어 특기할 만하다. 이를 순서대로 간략히 살펴보기로 한다.

우복의 호패부터 보자. 진양정씨 우복종가에는 호패가 하나 전해지는데 바로 우복의 것이다. 호패는 오늘날의 주민등록증과 같은 역할을 하며, 호구 파악, 유민 방지, 역役의 조달, 신분 질서의 확립, 향촌의 안정 유지 등을 통해 중앙집권을 강화하기 위한 것이다. 우복 스스로 이 호패법을 적극적으로 추진할 것을 건의한 바 있다. 호패제는 실시와 중단을 거듭하게 되는데, 왕족·관인官人으로부터 양인·노비에 이르기까지 16세 이상의 모든 남자가 패용하였다.

우복의 호패는 상아象牙로 되어 있는데, 두께가 0.4cm이고 길이가 8.5cm이다. 앞면에는 위쪽에 종서로 '鄭經世', 그 아래쪽에 역시 종서 쌍행으로 '癸亥生' '丙戌文科'라 되어 있으며, 뒤쪽에는 관인官印이 낙인烙印되어 있다. 호패의 재료나 기재 내용 및 각인刻印의 위치 등은 신분이나 실시 시기에 따라 다소 차이가 있다. 우복의 호패는 상아로 되어 있으니, 이것은 당상관 이상 내관 2품 이상이 사용하던 것이다. 그리고 그가 1563년생이니 '계해생'이라 새겼고, 병술년인 1586년에 24세의 나이로 문과에 합격하였으니 '병술문과'라 새겼다.

우복의 사용하던
벼루도 전해진다. 우복
의 벼루는 물을 부어 먹
을 가는 연지硯池 주변
의 장식에 따라 송죽포
도원후문연松竹葡萄猿猴
紋硯이라 부른다. 소나
무와 대나무, 포도넝쿨
과 원숭이를 주요 소재
로 하여 높은 부조浮彫
로 새겼기 때문이다. 이
밖에도 포도잎 위를 자
세히 보면 메뚜기, 개구
리, 벌이 더 있고 두 명
의 신선도 있다. 한 명
의 신선은 벼루의 하단

우복이 사용하던 벼루

에 있는데 거문고로 보이는 악기를 연주하고 있으며, 다른 한 명
은 우측 가장자리 약간 위에 있는데 김이 오르는 솥 앞에서 잔을
높이 들고 있다. 외단外丹을 행하는 연금술사鍊金術師가 아닌가
한다.

우복 벼루의 형식은 34.4cm×22.3cm×4.5cm이고, 우복이

1609년(광해군 1) 명나라에 사신으로 갔을 때 가져온 것이라 전한다. 당시 우복은 47세였는데 동지정사冬至正使로 차임되어, 1609년 8월에 가서 1610년 3월에 귀국하였다. 당시의 기록이 필사본 『연행만록燕行漫錄』으로 남아 있다. 여기에는 사행단의 인적사항과 방물진헌 내역, 각종 문서양식, 사행로의 산천과 도리道里 등이 기록되어 있다. 우복은 이 여행을 통해 화약의 매입을 예년의 배로 할 수 있도록 병부에 글을 올리기도 하였다. 당시 우복이 명나라와의 대외관계를 성공적으로 수행하였으므로 특지에 의해 가선대부의 칭호를 받게 된다.

우복은 연행燕行길에 산해관山海關을 지나게 된다. 거기서 북암北庵 응역應繹과 사귀어 그가 손수 그린 「이태백취면도李太白醉眠圖」라는 병풍을 선물 받고 이에 시를 짓기도 한다. 「응북암이 준 이태백취면도 병풍에 제하다. 그림은 바로 응북암이 직접 그린 것인데, 산해관을 나와서 송별할 적에 나에게 준 것이다」라는 긴 제목의 시가 그것이다. 응역과의 사귐에 대하여 우복은 다음과 같이 추억하였다.

바쁜 일정 속에 내 한번 크게 웃었으니,
우연히 산해관서 귀한 사람을 만났기 때문이네.
백 마리의 사슴 그림 묘한 솜씨 대단한데,
다시 두 번 술잔을 나누며 맘껏 즐거워하였네.

가득 흰머리 내 몸 이미 늙었는데,

봄 조수 꿈에 들면 그댄 응당 돌아가리.

백 년 안에 그대의 손 다시 잡을 날 없으니,

인간 세상 이 이별이 어렵단 걸 내 믿겠네.

鞅掌嚴程一解顔　　偶攀瓊樹塞垣間

方憐百鹿非凡手　　更荷雙鳧爲盡歡

華髮滿簪吾已老　　春潮入夢子應還

百年未卜重携日　　須信人間此別難

　　이 시는 응역과 이별하면서 그에게 준 「유별응북암留別應北
庵」이다. 응역은 자가 방열邦悅인데 북암北庵은 그의 호이다. 그는
병풍 하나에 100마리의 사슴을 그리기도 하는 등 솜씨가 매우 뛰
어났다고 한다. 이 때문에 '백 마리의 사슴 그림 묘한 솜씨 대단
한데'라고 할 수 있었다. 이뿐만 아니라 두 번이나 술을 갖고 우
복을 찾아와서 정을 나누었다. 그리고 우복에게 시를 요청하였
고, 우복은 위와 같은 시를 지어 다시 만날 길이 없음을 안타까워
하였던 것이다.

　　우복의 유품 가운데 162.5cm 길이의 청려장도 있다. 청려는
한해살이풀인 명아주를 일컫는데 홍심려·학정초·연지채·능
쟁이·도토라지 등 지역마다 이름이 다르다. 재질이 단단하고
가벼워 노인들의 선물용품으로 널리 이용되었다. 50세에 자식들

긍재 정의묵의 금관

이 아버지에게 바치는 가장家杖, 60세가 되었을 때 마을에서 주는 향장鄕杖, 70세가 되었을 때 나라에서 주는 국장國杖, 80세가 되었을 때 임금이 내리는 조장朝杖 등이 있다. 우복의 경우 국장일 것이라 추정하고 있다.

긍재 정의묵의 유품으로 우선 주목되는 것은 금량관金梁冠과 상복常服이다. 금량관[7]은 조선시대 문무백관이 국가에 경사가 있을 때나 원단元旦, 대제례大祭禮, 조칙 반포 등의 의식이 있을 때 머리에 착용하던 것이다. 금관이라 하기도 하고 양관梁冠이라고 하기도 하고, 이 둘을 붙여 금량관이라 하기도 한다. 이때 '양梁'은 관의 앞이마에서 뒤쪽까지 걸쳐져 있는 가느다란 대를 말하는 것인데 품계에 따라 개수가 달라진다. 1품관은 5량, 2품관은 4량, 3품관은 3량, 4품~6품은 2량, 7품~9품은 1량이었다. 긍재의 금량관은 당연히 다섯으로 되어 있다.

상복은 조선시대 때 왕이나 백관이 평상시 집무 중에 입던 옷을 말한다. 이 옷은 옷깃이 둥글기 때문에 단령團領이라 하기도 하는데, 가슴과 등에 흉배를 붙인다. 품계와 관계없이 사모를 쓰고, 옷감도 3품관 이상은 똑같이 사紗·나羅·능綾·단緞 등의 비단을 사용하였으며, 품계는 흉배와 띠로 표시하였다. 긍재의 집무복에 나타나는 흉배는 당상관이 할 수 있는 쌍학으로 되어 있으며, 각대는 1품을 나타내는 서대犀帶이다. 그리고 목화木靴도 현전하고 있는데, 반장화와 비슷한 모양을 하고 있으며 목이 길고 넓적한데, 솔기에 붉은 색의 선을 둘렀다.

우복종가에 내려오는 또 하나의 유품으로 다양한 인장印章을 들지 않을 수 없다. 이는 대체로 종손들의 것과 종가의 것, 그리고 서원의 것으로 나누어 볼 수 있다. 종손의 것으로는 우복의 것으로 보이는 '매호산인梅湖散人' 인장을 비롯해서 정석교·정종로·정상진·정의묵의 것이 있다. 종가의 인장으로는 '진양세가晋陽世家'를 새긴 것이 있고, 서원의 인장으로는 '우산서원愚山書院'이라 새긴 것이 있으며, 그 밖의 것도 있다. 한국학중앙연구원에서 만든 우복 특별전 도록에서는 우복가에 전해지는 이들 인장을 다음과 같이 정리하고 있다.

우복종가   晋陽世家 2종

정 경 세   梅湖散人

정석교 모	慕恭人豊山柳氏
정 석 교	鄭錫僑希伯甫 2종
	鄭錫僑希伯印
	鄭錫僑希伯
	喚醒齋主人
정 종 로	鄭宗魯印
	立齋
정 상 진	鄭象晋印
	日晋正心
	石坡
정 의 묵	肯齋散人印信
기　　타	山水邨主人章
	愚山書院
	修稧所章

　　이상에서 보듯이 우복가에 전해지는 인장은 모두 18개이다. 이 가운데 우복의 현손인 정석교의 인장이 다섯으로 가장 많다. 그의 어머니인 풍산류씨의 인장도 새겼으니 인장에 대하여 특별한 관심이 있었다고 하겠다. 정석교는 자가 희백希伯이고 호가 환성재喚醒齋다. 1646년 4월 4일에 태어나서 1700년 9월 6일에 세상을 떠났는데 향년이 59세였다. 1677년 학행學行으로 천거되어 숭

우복가의 인장 전시(상주박물관)

우산서원 인장

정석교희백 인장

정충로인

진양세가

릉참봉崇陵參奉이 되고, 이어 신령新寧·전의全義·영양英陽 등의
현감으로 천거되었다.

　　정석교는 벼슬이 높지 않았지만 선대의 전적을 보관하고 관
리하는 데 최선을 다한 것으로 보인다. 현재 전해지는 우복종가
의 고서 가운데 비교적 연대가 오래된 것은 어김없이 '鄭錫僑希
伯'이라는 인장이 찍혀 있기 때문이다. 이것은 정석교가 우복에
의해 마련된 종가의 세업을 지키면서 이를 계승하고 보존하는 데
최선을 다하였다는 것을 의미한다. 우복으로부터 정심과 정도응
으로 내려오면서 늘어난 문적들이 그에 의해 정리·수장 되었고,
이에 따라 이 문헌들에 대한 소장자로서의 날인이 필요했던 것이
라 하겠다.

　　우리는 우복의 호패를 통해 그를 가장 확실하게 느낄 수 있
다. 이것이 오늘날의 주민등록증 역할을 하기 때문이다. 그리고
그의 지팡이를 보면 그가 이것을 짚고 느릿하게 걸으면서 산천을
바라보는 풍취가 떠오르고, 그가 사용하던 벼루를 보면 상소문
등에 보이는 강고한 주장이 들리는 듯하다. 우복이 세상을 뜨고
그의 후손들은 선조의 정신을 지켜가기 위해 혼신을 다했다. 인
장을 붉게 찍으면서 정확하게 진양의 세업을 이어 나갔고, 정의
묵의 금관조복金冠朝服을 통해 진양세가의 빛을 다시 확인하게 된
다. 우복종가에 내려오는 유품은 가문의 영광과 위상을 무언으
로 웅변하고 있는 것이다.

2. 종가의 고문서

　　앞에서 이미 말했거니와 1948년 우복종택 산수헌 대문채가 불이나, 여기에 보관되어 오던 종택 관련 전적들이 잿더미가 되고 말았다. 그럼에도 불구하고 종손 정춘목이 두 차례에 걸쳐 한국학중앙연구원에 기탁한 고문서는 1차(2003년 12월)가 62종 1,297점, 2차(2006년 5월)가 3종 22점으로 도합 65종 1,319점이나 된다. 그리고 성책고문서成册古文書는 1차가 184종 185책, 2차가 3종 3책으로 도합 187종 188책이다. 이렇게 볼 때 우복가에 내려오는 고문서는 성책된 것을 포함해서 모두 252종 1,507건이다.

　　우복종가의 고문서 가운데 가장 많은 양을 차지하는 것은 과거에 대한 합격증명서인 홍패紅牌나 관원에게 품계와 관직을 임

명할 때 주는 임명장인 고신告身 등의 교령류敎令類이다. 이 역시
우복의 것과 정의묵의 것이 가장 많다. 이들은 모두 당상관에 오
른 인물이기 때문에 당연한 결과라 하겠다. 이 밖에도 권리나 사
실 등을 증명하는 문서인 명문明文이나 탁본류·필첩류 등 다양
하다. 스스로 지은 시고詩稿뿐만 아니라 당대의 명망 있는 학자들
과 주고받은 편지들도 더러 있다. 특히 김장생金長生(1548~1631)과
학문을 논하는 편지가 남아 있어, 우복가가 혼맥뿐만 아니라 학
문적 범위도 영남을 훨씬 넘어서고 있다는 것을 확인할 수 있게
한다. 다음은 김장생에게 보낸 편지의 일부이다.

『사략史略』의 주註 가운데에는 잘못된 것이 아주 많습니다. 그
중에 큰 것으로 '조불출병條不出兵'과 '복광궐손覆曠闕損' 두
부분에 대한 주석은 전혀 문리文理가 닿지 않았으며, 그 나머
지 잘못된 부분을 어찌 일일이 다 거론할 수 있겠습니까? '위
질委質' 역시 단지 자신의 몸을 맡긴다는 뜻입니다. 만약 이를
예물을 바친다는 뜻인 위지委贄라고 말한다면 어찌 천박하지
않겠습니까?

『우복당수간愚伏堂手簡』에는 우복이 김장생에게 보낸 편지 3
점이 있다. 『사략』과 『주자어류』의 주註 등에 관한 자신의 견해
를 밝힌 것인데, 윗부분은 김장생이 우복에게 던진 질문에 대한

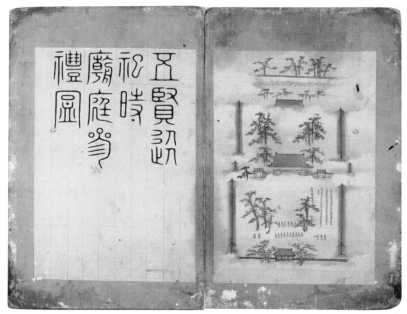

답의 일부이다. 즉 『사략』의 주가 잘못되었다는 것을 구체적인
예를 들어 지적한 것이다. 김장생의 질문에 대하여 우복은 고명
高明한 의견을 가진 분이 보잘 것 없는 자신에게 질문하여 몹시
황공하다고 했다. 우복 스스로 남긴 고문서가 여럿 있지만, 여기
서는 그와 관련된 것으로 비교적 흥미로운 화첩畵帖과 계첩楔帖
셋을 소개하는 데 그친다.

첫째, 「성정계첩聖庭楔帖」에 대해서다. '성정'은 문묘의 별칭
인데, 제목에 나타나듯이 성정의 행사에 참여한 이들이 이를 기

넘하기 위해서 만든 계첩이다. 표제는 이렇게 되어 있으나 그림의 제목은 '오현종사시참례도五賢宗祀時參禮圖'이다. 이로 보아 오현, 즉 김굉필金宏弼·정여창鄭汝昌·조광조趙光祖·이언적李彦迪·이황李滉의 이른바 사림오현의 문묘종사에 집사자로 참여한 사람들이 이 그림의 주인공이라는 것을 알 수 있다.

오현은 사림파의 성장과정에 있었던 사화와 밀착되어 있다. 김굉필은 1498년(연산군 4) 무오사화가 일어나자 평안도 희천에 유배되었다가 1504년(연산군 10) 갑자사화甲子士禍를 만나 화를 당하였다. 정여창은 1498년 무오사화로 종성鍾城에 유배되었다가 1504년 부관참시剖棺斬屍되었다. 이언적은 1547년(명종 2) 을사사화의 여파인 양재역벽서良才驛壁書 사건에 연루되어 강계로 유배되었다가 거기서 세상을 떴다. 이황 역시 그의 형 이해李瀣가 무고사건에 연좌된 구수담具壽聃의 일파로 몰리게 되어 갑산에 귀양을 가다가 도중에 병사하였다.

선조의 즉위로 사림정치시대가 열리면서 1570년(선조 3)부터 이황을 제외한 김굉필 등 4현의 문묘종사운동이 전개되었고, 1570년 이황이 세상을 뜨자 선조 5년부터 그를 포함한 오현의 문묘종사를 청하게 되었고 그 결실을 1610년(광해군 2) 9월에 보게된다. 오현의 문묘종사에 대하여 우복은 비상한 관심을 가지며 가선대부행충좌위호군嘉善大夫行忠佐衛護軍의 직책으로 제2위에서 집례에 참가한다. 「성정계첩」의 서문은 우복이 쓴다. 서체는 초서이며 그 일부는 다음과 같다.

만력萬曆 경술년(1610, 광해군 2)은 바로 우리 성상이 즉위한 지 두 해째가 되는 해이며, 상복喪服을 벗은 지 첫 해가 되는 때이다. 그런데 가장 먼저 대신大臣들에게 하문하고서 그 요청을 윤허한 것은, 공론公論으로 인해 부득이해서 그런 것이 아니라, 실로 성상이 먼저 마음속으로 결단하여 정한 것이다. 이에 이해 9월 신해일에 선성先聖과 선사先師들에게 친히 석전釋奠을 행하였다. 그런데 이보다 닷새 전에 미리 예관禮官에게 명하여 고유제告由祭를 지내면서 다섯 현신賢臣을 양무兩廡에 위차位次를 정해 배향配享하였다. 그때 제관祭官과 관관館官 도합 38인이 서로 더불어 의논하기를…… 우리들은 학문을 닦는 곳에서 덕교德敎를 입었고 사대부의 반열에서 풍성風聲을 공경하다가, 천 년 만에 한 번 있을까 말까 한 성대한 일을 눈으로 직접 보고, 또 묘정廟庭의 조두爼豆 사이에서 직접 제사를 행하게 되었으니, 기쁘고 시원하며 영광스럽고 다행스러움이 또 어떠하겠는가. 그러니 날짜를 기록하고 이름을 나열하며, 그림으로 그려서 자손에게 남겨 주어 미담美談으로 삼게 하는 것이 또한 옳지 않겠는가.

이 글에 의하면 무엇 때문에 이 참례도를 만드는 지가 분명

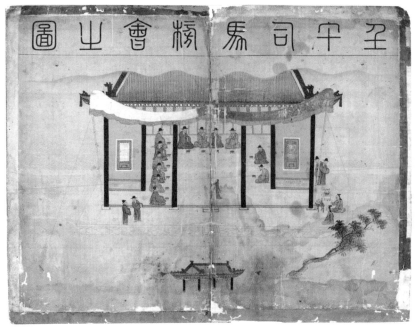

「임오사마방회지도」(한국학중앙연구원 소장)

하다. 선현을 문묘에 배향한다는 것은 극히 드문 일이고 여기에
직접 참례하는 것은, '기쁘고 시원하며 영광스럽고 다행스러' 운
일이기 때문이다. 즉 역사적인 일에 이들이 참여하게 된 것이다.
이로써 성균관대사성 신경진辛慶晉 이하 38명의 이름을 적고, 그
아래 '우범삼십팔인右凡三十八人' '만력삼십팔년경술구월萬曆三十
八年庚戌九月'이라 써서 특별히 기념하였던 것이다.

둘째, 「임오사마방회도壬午司馬榜會圖」에 대해서다. 과거시험
에 함께 합격하여 같이 방목榜目에 오른 동기생을 동방同榜이라

한다. 이들은 강한 결속력을 갖고 모임을 결성하였는데, '방회'
는 바로 과시에 함께 합격한 동기생들의 회합會合을 의미한다. 생
원과 진사 등을 뽑는 사마시司馬試와 문과 합격자들을 중심으로
방회가 이루어졌고, 이들은 우의를 돈독히 하며 벼슬살이에서도
서로 도움을 주고받았다.

　우복은 1582년(선조 15)에 사마시에 합격을 하였는데, 이 그림
은 삼척부사로 부임하는 이준을 전별하기 위하여 특별히 결성된
것이다. 1630년(인조 8)의 일이다. 방회를 주선한 사람은 이배적李
培適과 류순익柳舜翼(1559~1632)이고, 김상용金尙容(1561~1637)이 '임
오사마방회지도壬午司馬榜會之圖'라는 전서篆書를 썼으며, 좌목의
글씨는 이홍주李弘冑(1562~1638)가 쓰고, 서문은 우복이 썼다. 우복
은 서문에서 이렇게 말했다.

　　나와 임오동년壬午同年의 벗인 이적부李迪夫가 어느 날 나를
　　찾아와서는 말하기를, "이군 숙평李君叔平이 이제 삼척부사三
　　陟府使가 되어 올라와서 은명恩命에 숙배하고 장차 삼척 고을
　　로 부임하게 되었다. 우리 임오동년들 가운데 아무 탈 없이 도
　　성에 남아 있는 자는 열두 사람이다. 그러니 각자 술 한 병을
　　차고 와 편한 곳에 모여서 석별의 정을 펴고 인하여 방회榜會
　　를 연다면, 아주 즐거운 일일 것이다. 이런 내용으로 수규首揆
　　에게 고하자, 수규 역시 좋다고 하였다. 자네는 어떻게 생각하

는가?" 하기에, 내가 말하기를, "참으로 성대한 일이다. 자네
는 어찌하여 두루 고하지 아니하는가" 하였다. 그러고는 드디
어 약속한 날짜에 모두 충훈부忠勳府에 모여서 날이 저물 때까
지 환담을 나누면서 몹시 즐겼다.

이적부는 이배적을 말하며, 이군 숙평은 이준을 말한다. 이
방회에는 서울에 거주하는 12명의 동기생들이 참여하였으며, 장
소는 충훈부였다. 이 회합에 모인 이들은 20세 전후에 사마시에
합격하였지만, 그 후 49년이라는 세월이 흘렀으니 70세에 가까운
노인들로 구성되어 있었다. 우복은 이에 대하여 "이 세상에 살아
남아 있을 날이 얼마 되지 않을 것으로, 새벽하늘의 별처럼 사라
져 갈 것이다"라며 아쉬워하였다. 그림에는 충훈부 청사 중앙에
4명, 동편에 2명, 서편에 6명이 앉아서 술을 마시며 환담을 나눈
다. 당 위에서 무희가 춤을 추고, 당 아래에는 충훈부의 서리로
보이는 시종 4명과 음식을 마련하는 찬모饌母 2명이 보인다.

당시 이들은 시를 짓기도 했다. 여기서 우복의 원운에 따라
이준을 전별하기도 하고 방회를 기념하기도 했다. 『우복집』에는
이 시가 「삼척으로 부임하는 이숙평을 전송하다」(送李叔平赴任三
陟)라는 제목으로 실려 있다. 그는 여기서 "난세라서 이내 몸 앞
날을 헤아리기 어려운데(世亂身難料), 정든 벗 이별하자니 더욱 슬
퍼지네(情親別更愁). 흰 구름이 대관령에 비낄 때(雲橫大關嶺), 이내

「난정회도」(한국학중앙연구원 소장)

혼도 어느새 죽서루로 가 있으리(魂往竹西樓)"라고 하였다.

　셋째, 「난정회도蘭亭會圖」에 대해서다. 이 그림은 동진東晉의 서예가로서 서성書聖으로 불리는 왕희지王羲之(307~365)의 난정모임을 그림으로 새긴 판화집으로, 유상곡수연流觴曲水宴이 생생하게 묘사되어 있다. 우복이 1609년(광해군 1)에 동지정사로 명나라에 갔을 때 구입해 온 것으로 보인다. 이 그림은 난정 주변에 사안謝安과 손작孫綽 등 42인이 곡수에 잔을 띄워 놓고 각자 시를 짓고 있는 모습을 그린 그림인데, 당시 지은 시들이 인물의 상단에 그 사람의 이름과 함께 소개되어 있다. 왕희지의 시는 두 수가 새겨져 있는데 그중 한 수는 이렇다.

우러러 푸른 하늘가를 보고,	仰視碧天際
굽어 푸른 강 언덕을 본다네.	俯瞰綠水濱
조용히 자연을 끝없이 보나니,	寥閴無涯觀
눈 닿는 곳마다 이치가 저절로 펼쳐지네.	寓目理自陳
위대하도다! 조물주여,	大矣造化工
만 가지로 고르지 않은 것이 없네.	萬殊莫不均
수많은 종류들이 비록 들쭉날쭉하지만,	群類雖參差
나에게는 새롭지 않음이 없네.	適我無非新

왕희지가 만물을 굽어보며 모든 사물이 이치로 위대함을 느낀다고 했다. 특히 '만수막불균萬殊莫不均' 이라는 말에 주목하자. 왕희지는 이를 느끼고 조물주의 위대함을 찬양하였다. 여기서 '만수' 라는 것은 수많은 사물들이 개별자로서 자유롭다는 것을 의미한다. 그러나 그것이 '막불균' 하다고 해서 고르지 않은 것이

없다고 했다. 개별성로 부딪쳐 싸우는 것이 아니라 서로 다르지만 통일적 조화를 이루며 전체를 성취한다는 것이다. 자연에서 느끼는 이러한 감회, 여기에 따라 왕희지는 위와 같은 시를 지었던 것이다.

저 유명한 「난정서蘭亭序」는 왕희지가 바로 이때 창작한 시를 시집으로 묶으면서 서문을 쓴 것이다. 우복이 중국에서 구입해 온 것으로 보이는 가운데, 『고선군신도상古先君臣圖像』과 『춘추좌전석의春秋佐傳釋義』도 있다. 앞의 것은 중국의 삼황오제三皇五帝로부터 원나라까지의 임금과 명신의 도상을 그린 것으로 모두 여섯 권이며, 뒤의 것은 1590년 명나라에서 간행된 것인데 한 책으로 구성되어 있다.

우복종가에 전해지는 고문서들을 보면 이 가문의 문화적 깊이를 바로 알 수 있다. 조선을 넘어서는 중국의 자료들이 있는가 하면, 영남을 넘어서 기호 지식인과의 교유를 한 자료들도 있다. 임명장 등의 문서뿐만 아니라 세밀한 성리학적 이론들이 촘촘히 적혀 있는 것도 있고, 자연 속에서 천리를 찾는 성리학적인 것이 있는가 하면 이별의 정한을 담은 풍류가 묻어나는 것도 있다. 어느 하나로 고정할 수 있는 것이 아니지만, 우복을 향하여 전체가 어울려 있다. 왕희지가 노래한 대로 그야말로 '만수막불균'이다.

3. 종가의 고서

    우복종가에 전하는 고서 역시 한국학중앙연구원에 두 차례에 걸쳐 기탁되었다. 1차(2003년 12월)가 459종 897책, 2차(2006년 5월)가 77종 238책으로 도합 536종 1,135책이다. 이는 다시 경사자집經史子集 및 근대도서로 나눌 수 있는데, 가장 많은 것은 집부集部로 총 372종 725책이다. 집부는 다시 중국본과 한국본으로 나눌 수 있는데, 중국본은 4종 11책이고 한국본은 277종 573책이다. 이로 볼 때 우복가의 고서는 집부를 중심으로 구성되어 있음을 알 수 있다. 따라서 이를 중심으로 몇 가지 특징을 나누어 살펴보기로 한다.

    첫째, 우복이나 그 후손들의 문집 등 종가 관련 자료들이 많

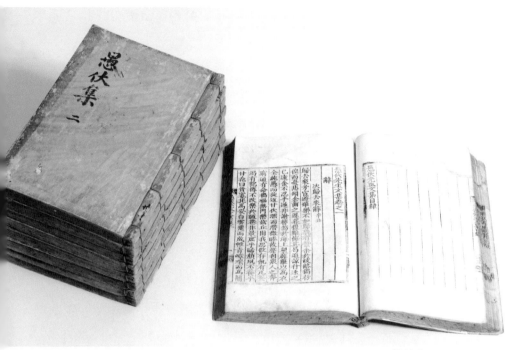

『우복집』

다는 점이다. 고문헌 속에는 우복의 『우복집愚伏集』과 『우복별집
愚伏別集』을 비롯해서 『우복언행록愚伏言行錄』·『우복선생연보신
편愚伏先生年譜新編』 등이 있어 우복 관련 자료들을 가장 소중히 간
직하고 있다는 것을 바로 알 수 있다. 여기에 입각해서 종가와 문
중이 있어 온 내력을 정리한 『진양정씨가첩晉陽鄭氏家牒』, 『가첩家
牒』, 『진양정씨족보晉陽鄭氏族譜』 등이 있다. 이 밖에 우복 종손 혹

은 후손들 관련 문헌은 대체로 다음과 같이 정리할 수 있다.

『무첨재집無忝齋集』(정도응), 『소대명신행적昭代名臣行蹟』(정도
응), 『창산지昌山誌』(정도응), 『입재집立齋集』(정종로), 『입재유
고立齋遺稿』(정종로), 『입재별집立齋別集』(정종로), 『입재선생언
행차록立齋先生言行箚錄』(정종로), 『어초재유고漁樵齋遺稿』(정상
진), 『곡구원기별집谷口園記別集』(정상관), 『제암집制庵集』(정상
리), 『기주유집箕疇遺集』(정민병)

여기에는 우복의 손자인 정도응으로부터 6대 종손 정종로, 7
대 종손 정상진과 그의 동생 정상관, 정익로의 아들 정상리, 정상
관의 아들 정민병 등의 문집이 있다. 그 외의 문집들은 『세고世
稿』천·지·인 3책으로 묶어 두었는데, 여기에는 『증찬성공유고
贈贊成公遺稿』(정여관), 『환성재유고喚惺齋遺稿』(정석교), 『침랑공유고
寢郎公遺稿』(정주원), 『학생공유고學生公遺稿』(정인모), 『침랑공유고寢
郎公遺稿』(정민수), 『백인당유고百忍堂遺稿』(정윤우), 『금석유고錦石遺
稿』(정동필) 등이 실려 있고, 「증정경부인합천이씨贈貞敬夫人陜川李
氏」등 종부 16인의 행적 역시 기록되어 있다.

둘째, 영남의 문집이 중심을 이루는데, 특히 상주지역 문인
들의 문집이 많다는 점이다. 우복종가가 영남의 대표적인 명문
이기 때문에 문집이 발간되면 이곳으로 먼저 반질하는 것은 당연

한 일이다. 지역적으로 볼 때 안동·봉화·예천 등 북부권은 물론이고 성주·칠곡·영천 등 중부권과 진주·산청·김해 등 남부권을 아우르고 있다. 이 가운데서도 상주 향유鄕儒들의 문집이 특별히 많다. 이것은 우복가가 상주를 대표하는 집이기 때문에 가능하다. 몇 가지 예를 보이면 다음과 같다.

『가암유고可庵遺稿』(전익구), 『가휴집可畦集』(조익), 『갑하유집甲下遺集』(이채민), 『검간집黔澗集』(조정), 『경현재집警弦齋集』(강세진), 『계서집谿西集』(성이성), 『청대연보淸臺年譜』(권상일), 『극암집克嚴集』(류흠목), 『근와집近窩集』(류식), 『금서헌집琴西軒集』(박광보), 『금주집錦洲集』(고몽찬), 『긍암집兢庵集』(강세규), 『난재집懶齋集』(채수), 『낙애집洛涯集』(김안절), 『도암선생집道嚴先生集』(류단), 『동계집桐溪集』(권달수), 『동허재집洞虛齋集』(성헌징), 『목서집木西集』(손영로), 『백담유고白潭遺集』(조우신), 『복암유집復庵遺集』(이동훈), 『사서집沙西集』(전식), 『산초유고汕樵遺稿』(남기흠), 『서담집西潭集』(홍위), 『손재집損齋集』(남한조), 『송만일고松灣逸稿』(김혜), 『수계집修溪集』(이승배), 『신암유고愼庵遺稿』(김직원), 『심기당집審幾堂集』(황계희), 『어주집漁洲集』(정오륜), 『오야일고鰲埜逸稿』(이석달), 『왕사문집枉史文集』(김만원), 『운정집芸亭集』(김언건), 『서계집西溪集』(김신규), 『이재집頤齋集』(조우인), 『일묵재집一默齋集』(김광두), 『임하당

집林下堂集』(신후명), 『자봉일고紫峯逸稿』(정교), 『장원유고藏園
遺稿』(황원선), 『정와집靜窩集』(조석철), 『죽일집竹日集』(김광엽),
『청일유고靑逸遺稿』(이호배), 『추담집秋潭集』(성만징), 『화재집
華齋集』(황익재), 『후계집后溪集』(김범)

이 저작들의 저자는 모두 상주에 거주한 향유들이다. 여기
에는 김광엽·홍위·김혜·김광두·전식 등과 같이 류성룡의
종유·문인들의 문집도 있고, 조우인·김광엽·성이성·조우신
등과 같이 우복의 종유·문인들의 문집도 있다. 그리고 정종로
의 문인인 류식·강세규·이승배·정교 등의 문집도 있고, 정종
로의 외손 황원선의 문집, 정종로가 서발序跋을 쓴 전익구·조석
철·황익재 등의 문집이 있다. 이뿐만 아니라 우복의 후손 정상
리가 발跋을 쓴 강세진의 문집도 있다. 이로 보아 우복가의 고서
는 서애학파에 소속되어 있거나 이들과 관련된 상주지역 향유들
의 문집이 특별히 많다는 것을 알 수 있다.

셋째, 영남을 넘어서는 회통적 성격이 강하다는 점이다. 상
주는 낙동강이 비로소 이름을 얻으며 시작되는 지역이다. 낙동
강은 상주의 옛 이름 상락上洛 혹은 낙양洛陽의 동쪽을 흐르는 강
이기 때문이다. 상주는 낙동강의 본류가 시작되면서 기호학과
영남학이 상호 소통하고, 영남의 좌도와 우도가 서로 만나는 지
점에 있다. 이러한 지역적 특징으로 인하여 상주는 영남의 특징

적 측면이 있으며, 낙동강 연안의 학문인 강안학江岸學의 주요 지점이 되기도 한다. 이 같은 측면에서 볼 때 우복가에 전해지는 자료 역시 영남지역을 훨씬 벗어날 수 있었다. 몇 가지 자료를 제시해 보면 다음과 같다.

이현조李玄祚, 『경연당시집景淵堂詩集』

송내희宋來熙, 『금곡집錦谷集』

김귀영金貴榮, 『동원집東園集』

송준길宋浚吉, 『동춘당집同春堂集』

권시權諰, 『탄옹집炭翁集』

우복가에 내려오는 고서 가운데 집부集部를 일별해 보면 서울이나 충청 등 기호지역은 물론이고 강원지역 인물들의 문집도 보인다. 위에서 제시한 문집 이외에도 이미 제시한 바 있는 『율곡집栗谷集』(이이)을 비롯하여 『지천집芝川集』(황정욱), 『간옹집艮翁集』(이헌경), 『무은집霧隱集』(정지호), 『야당집野堂集』(류혁연), 『역천집櫟泉集』(송명흠), 『유회당집有懷堂集』(권이진), 『추파집秋坡集』(송기수) 등의 예에서도 이를 충분히 확인할 수 있다. 이 밖에도 『이천격양집伊川擊壤集』(소옹)이나 『문선文選』(소통) 등 중국본 4종 11책도 있다.

넷째, 낙질落帙이 많다는 점이다. 우복종가 산수헌에 전해지

는 고문서와 고서들은 종가의 대문채에 보관되어 오가다 1940년
대 후반에 화재로 거의 소실되었다고 한다. 이 가운데 특히 고서
가 많이 재로 변한 것으로 보인다. 지금 한국학중앙연구원에 기
탁된 자료들은 여기서 살아남은 것이라 하겠는데, 완질본이 남아
있는 경우가 오히려 드물다. 몇 가지만 예로 들면 다음과 같다.

조익趙翊, 『가휴집可畦集』, 火 · 水 · 木 · 金 · 土
김희주金熙周, 『갈천집葛川集』, 仁 · 智
정중기鄭重器, 『매산집每山集』, 二 · 三 · 四 · 六
정영방鄭榮邦, 『석문집石門集』, 天
이이李珥, 『율곡집栗谷集』, 一 · 二 · 四

낙질본을 보이기 위해서 임의로 추출한 것이다. 이로 보면
『가휴집』은 7책 중 2책이 모자라고, 『갈천집』은 5책 중 3책이 모
자라며, 『매산집』은 6책 중 2책이 모자란다. 그리고 『석문집』의
경우는 3책 중 2책이 모자라고, 『율곡집』의 경우 12책 중 9책이 모
자란다. 그러나 이처럼 낙질이 많음에도 불구하고 이 편린을 통해
고서의 전체적 규모를 상상하는 하는 것이 어렵지 않고, 남아 있
는 책만으로도 우복가의 향촌적 위상을 쉽게 짐작할 수 있다.

영남은 문헌의 고장이라 한다. 우복종가의 고서들을 보면
이 말이 과장이 아니라는 것을 바로 알 수 있다. 우복 스스로 많

은 글을 썼다. 우복이 세상을 떠난 후 그 후손들은 그가 남긴 원고를 정리하여 출간하였다. 그리고 그 후손들 역시 스스로 많은 문자를 남기면서 강의 좌우를 넘나들고 기호와 영남을 오르내리면서 보다 큰 세계를 구축해 나갔다. 문헌의 유통 경로를 살펴보면 이것은 바로 감지된다. 문헌을 통해 소통문화를 만들어 갔던 우복가! 나는 여기서 우복이 1604년(선조 37)에 지은 「양정편養正篇」의 '독서讀書' 조를 생각한다. 내용은 이렇다.

「양정편」(연세대 도서관 소장)

몸가짐을 바르게 하고 뜻을 차분하게 한 다음 글자를 보고 구절을 끊어 읽되, 천천히 읽으면서 뜻을 완미하여 글자마다 분명하게 해석하기를 힘써야지, 눈으로 다른 곳을 쳐다보거나 손으로 다른 물건을 만지작거려서는 안 된다. 그러면서 모름지기 충분히 읽고 뜻을 환하게 꿰도록 해야 한다. 또한 날마다

배운 것을 정리하고 복습하며, 열흘마다 통독通讀하여 종신토
록 잊지 않도록 해야 한다.

이 글은 비록 아동용 수신 교과서로 만들어진 것이지만 우복
의 독서 태도를 충분히 알게 한다. 그 스스로 이렇게 생각했고 아
이들에게 또 이렇게 가르쳤다. 우복의 수택본을 보면 그가 몸가
짐을 바르게 하고 뜻을 차분하게 가라앉혀, 진리를 음미하는 모
습이 떠오른다. 그리고 그의 후손들이 선조의 이러한 모습을 그
리며, 그들 또한 조용하면서도 진지하게 독서·사색해 갔던 것을
생각한다. 우복가에서 지켜 오던 문헌이 있지 않았다면, 아마도
이러한 영상은 떠오르지 않을 것이다. 화재 이후 남은 것이 그 일
부라고 해도, 이를 통해 우복과 그의 후손들이 어떻게 문헌을 대
해 왔는지를 조금이나마 짐작할 수 있어 여간 다행스런 일이 아
닐 수 없다.

주

7) 金梁冠: 이 금량관이 우복 정경세의 유품으로 소개되어 있는 곳도 있으나,
여기서는 전문가들의 견해에 따라 19세기 후반의 것으로 보아 우선 긍재 정
의묵의 것으로 소개해 둔다.

제5장 우복종가의 제례와 건축문화

1. 제례의 과정과 절차

영남 종가의 제례를 살펴보면 기본적인 골격은 서로 비슷하지만 각 종가마다 다소의 차이가 있다. 이 차이는 지역성과 결부되어 있는 것도 있고, 혼맥을 통해 이루어진 것도 있고, 그 집안의 특별한 사정을 고려한 것도 있다. 가가례家家禮라는 말은 바로 이러한 차이를 두고 이야기한 것이다. 제례문화는 그 집안의 특수한 사정에 입각하여 불변을 유지하는 가운데 변화되어 왔다. 우리는 여기서 문화가 하나의 생물生物이라는 말에 공감하지 않을 수 없다.

우복과 입재는 모두 불천위이지만 제례방식이 다르다. 우복의 제사는 기일에 맞추어 지내지만, 입재의 제사는 봄과 가을로 향사만 지내기 때문이다. 봄 향사는 3월 15일에, 가을 향사는 9월 15일에 지낸다. 이렇게 보면 우복종가의 제사는, 불천위와 그 두 부인인 전의이씨와 진성이씨 양 위를 비롯해서 고조고비위, 증조고비위, 조고비위, 고위 등 도합 10회의 제사를 받든다. 이 밖에 설과 추석 두 차례의 차사가 있고, 또한 묘사가 있어 전통 종가의 제사를 모두 지키고 있는 셈이다.

우복의 기일은 음력 6월 17일이고 제례의 장소는 정침이다. 새벽 제사를 지내다가 10여 년 전부터 기일 초저녁에 지내고 있다. 일반 기제사는 30여 년 전부터 이미 초저녁 제사를 지내 오고 있던 터였다. 새벽에 제사를 지내는 것은 예서에 따른 것이다. 예서에는 밤이 밝으려 할 때 제사를 지내는 것이 마땅하다고 하였기 때문이다. 그러나 생활환경이 달라지면서 새벽 제사가 불가능해지자 초저녁 제사로 바뀌게 되었던 것이다.

우복과 두 부인의 위패

우복의 위패에는 '顯十五代祖考贈崇政大夫議政府左贊成兼判義禁府事世子貳師知經筵春秋館成均館事弘文館大提學藝文館大提學諡文莊公行正憲大夫吏曹判書兼知經筵義禁府春秋

館成均館事弘文館大提學藝文館大提學世子左賓客府君神主'가 두 줄로 종서縱書되어 있다. 전의이씨 부인의 위패에는 '顯十五代祖妣贈貞敬夫人全義李氏神主', 진성이씨 부인의 위패에는 '顯十五代祖妣貞敬夫人眞城李氏神主'로 종서되어 있다. 그리고 왼쪽 아래에는 '十五代孫椿穆奉祀'로 쓰여 있다. 불천위 제사는 합설合設로 모시는데, 여기서는 이를 중심으로 그 과정과 절차에 대해서 간략하게 알아보기로 한다.

1) 제사 준비와 집사분정

우복종가의 제사 준비는 우복의 15대 종손 정춘목(1966년생)과 14대 종부 예안이씨(1943년생)가 맡아서 한다. 현재 종택이 있는 상우산리에는 원래 20여 호가 마을을 이루고 살았으나, 지금은 모두 다른 지역으로 떠나고 종택만 독가촌의 형태로 남아 있다. 이 때문에 종손은 종부 및 노모와 함께 상주시장에서 제수를 마련한다. 제수가 마련되면 30여 명이 모이는데, 그날 참례자를 중심으로 집사자執事者를 정한다. 초헌관은 종손이 하고, 아헌관은 종부가 하며, 종헌관은 외빈이나 연장자가 한다.

2) 제청 마련과 진설

제청祭廳은 제수 준비가 끝나면 정침에 마련한다. 정침에 제상을 설치하고 그 뒤에 신주를 모시는 교의를 놓고, 그 뒤에 다시 병풍을 두른다. 병풍은 모두 8폭인데 「우곡잡영이십절愚谷雜詠二十絶」 중 8수를 초서로 썼다. 그 8수는 「서실書室」·「계정溪亭」·「회원대懷遠臺」·「오봉당五峯塘」·「오로대五老臺」·「상봉대翔鳳臺」·「우화암羽化巖」·「만송주萬松洲」다. 제상 위에는 제상의 앞

제청

진설

쪽 가장자리 부근에 동서로 촛대를 각각 하나씩 둔다. 제상 앞으로는 향상香床을 가운데 두고 향상의 오른쪽에는 축판을, 왼쪽에는 주가를 둔다. 향상 위에는 향로와 향합을 두고 모사기는 향상아래 퇴주 그릇과 함께 둔다.

제청이 마련되면 제상에 제물을 올리는 진설陳設을 한다. 제1열은 과일로 대추, 밤, 배, 감의 기본 4과를 두고 그 사이에 자두, 참외, 수박 등의 시절과와 약과 등의 조과를 놓는다. 제2열은 왼쪽에는 포, 오른쪽에는 해醢를 두고, 그 사이에는 자반과 침채沈菜, 나물 등을 올린다. 제3열에는 탕을 놓는데, 국불천위인 우복의 경우는 7탕으로 하고, 향불천위인 입재의 경우에는 5탕으로 한다. 제4열은 왼쪽에는 면, 가운데는 적, 오른쪽에는 편을 올린다. 제5열에는 메와 갱羹을 둔다. 합설로 하므로 메와 갱은 세 벌을 한다. 시접匙楪은 왼편에 두고 잔은 메와 갱 사이 신위 쪽에 각각 둔다.

3) 출주

'출주出主'는 사당에서 신주를 모셔 오는 의식이다. 저녁 8시가 되면 정침의 동북쪽에 있는 사당으로 가서 불천위 신주 3내외분의 신주를 모셔 오는데, 하나의 독櫝 안에 세 위가 함께 모셔져 있다. 불천위 신주는 사당의 내부 북벽 가장 왼쪽에 모셔져 있

다. 종손은 집사자 한 사람과 함께 사당으로 가서 분향재배를 한
다음, 감실 문을 열고 불천위의 주독主櫝을 가슴에 안고 제청이
마련되어 있는 정침으로 와서 교의에 정중히 모신다.

4) 참신과 분향강신

'참신參神'은 모셔 온 신주에 대하여 처음으로 인사를 드리
는 의식이고, '분향강신焚香降神'은 향을 사르고 술을 모사에 따

참신

르는 의식이다. 주독을 연 뒤, 참사자 전원은 신주를 향하여 재배하며 참신례를 행한다. 이후 제사를 주관하는 주인主人인 종손이 향상 앞으로 나아가 꿇어앉은 뒤, 향을 사르고 술을 모사기에 세 번 따른다. 이때 잔은 집사자가 고위 앞에 있던 것을 사용하고, 강신이 끝나면 다시 고위 앞에 되돌려 놓는다. 분향과 강신례를 마치면 주인은 불천위를 향하여 두 번 절한다.

5) 헌작

'헌작獻爵'은 잔을 올리는 의식으로 초헌·아헌·종헌으로 구성되어 있다. 초헌은 주인이 올린다. 우집사 자가 따르는 술을 주인이 받아 좌집사자에게 주면 그 좌집사자가 고위 앞에 올리게 된다. 비위의 경우도 마찬가지다. 술을 올린 후에는 안주를 드리는 진적進炙을 행하는데 초헌에는 해물로 만든 어적魚炙을

초헌

올린다. 이어서 메 뚜껑을 열고, 주인과 제관이 부복하고 있는 사이 축관이 축문을 읽는다. 내용은 15대 조고의 휘일諱日을 맞이하여 사모하는 마음을 이길 수 없어 음식을 준비하여 정성을 다해 올리니 흠향하시라는 것이다.

아헌은 두 번째 잔을 올리는 의식인데 예서에 따라 종부가 한다. 올리는 형식은 초헌관과 같고 진적은 소고기나 돼지고기로 만든 육적肉炙으로 하며, 이때 종부가 헌관이기 때문에 절은 네 번 한다. 마지막으로 잔을 올리는 종헌은 외빈이나 연장자가 한다. 잔을 올리는 순서는 같지만, 곧이어 있을 유식례侑食禮에 첨작을 하기 위하여 술을 퇴주 그릇에 세 번 나누어 제주除酒하고 올린다. 이때는 닭고기로 만든 계적鷄炙을 안주로 삼는다.

6) 유식

'유식侑食'은 음식을 권하는 의식이다. 초헌관인 주인이 향상 앞에 나아가 우집사자로부터 받은 술을 좌집사자에게 주면 좌집사자는 그것을 받아 첨작添酌을 한다. 이어서 숟가락을 메에 꽂는 삽시揷匙와 젓가락을 가지런하게 하는 정저正箸를 한다. 첨작과 삽시정저가 끝나면 주인은 두 번 절하고 자리로 돌아가게 되는데, 곧이어 합문闔門을 한다. 합문은 문을 닫는 것을 말하는데, 이미 설치해 두었던 병풍으로 끝을 접어 제상을 가리는 형식을

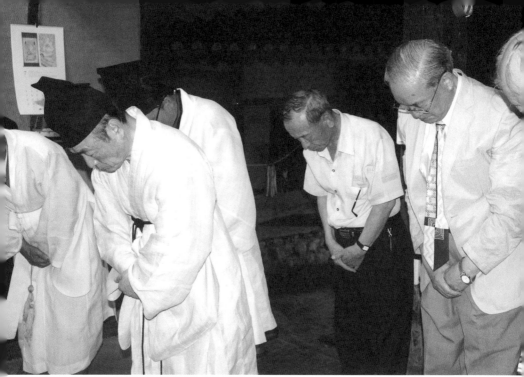

진다 시 제관들이 잠시 허리를 굽혀 기다린다

취한다.

유식하는 동안 모든 제관들은 부복한다. 잠시 후 축관이 헛기침을 세 번 하면서 식사가 끝나 문을 연다는 신호를 알리고, 접어 두었던 병풍을 원래대로 돌려놓음으로써 계문啓門의 형식을 취한다. 이어 차를 올리는 의식인 진다進茶를 하는데, 우복가에서는 숭늉 대신 맑은 물을 올려 밥을 세 숟가락으로 떠서 말아 숟가락을 거기에 걸쳐둔다. 숭늉을 드시라는 의미에서 잠시 허리를 굽혀 기다린다.

7) 사신과 음복

'사신辭神'은 조상과 헤어지는 의식이다. 집사자는 숭늉 그릇에서 숟가락을 내려놓고 밥뚜껑을 닫는다. 이어 참사자 전원은 신주를 향하여 두 번 절을 절하고, 주인은 제상에서 잔을 내려 퇴주하고, 신주가 모셔진 주독을 닫은 후 받들어 모시고 사당의 감실에 안치한다. 그 사이 축관은 축문을 태우고 집사자는 음복飮福을 준비한다. '음복'은 제사를 마치고 제수와 제주를 나누어 먹는 일이다. 이때 조상의 음덕을 기리고 문중과 관련된 다양한 이야기를 나누며 종중의 돈목敦睦을 다진다.

일찍이 우복은 돌아가신 아버지를 꿈속에서 보고, 깨어나 시를 지은 일이 있었다. 1601년(선조 34) 5월 23일의 일이다. 이 시에서 우복은, "한번 모습 떠나가매 뒤쫓을 길 없어서(一失儀音杳莫追), 육아시를 읽다가는 괜히 눈물 흘리었네(卷中空泣蓼莪詩)······ 바람 급해 나뭇가지 고요하게 아니 두고(風急不曾饒靜樹), 풀 약하니 무슨 수로 봄 햇볕에 보답하리(草微那計報春曦)"라고 하였다. 돌아가신 아버지를 그리는 마음 간절하다.

부모를 그리워하지 않는 사람이 어디 있겠는가마는 우복종가는 특별하다. 이것은 제사에 잘 나타난다. 제사는 안으로 정성스럽고 밖으로 엄숙하기 때문이다. 그 바탕에 효孝가 있음은 물론이다. 나는 여기서 『중용』의 '여재如在'를 다시 생각한다. 마음을 가지런히 하고 엄숙하게 제사를 모시면 돌아가신 분이 '위에 계시는 듯(如在其上), 좌우에 계시는 듯(如在其左右)' 하다는 것이다. 우복가에서 이를 확인하고 수백 년 전 우복의 마음이 이렇게 계승되는가 싶었다.

2. 제례의 특징적 국면들

    우복종가에는 불천위 사당이 둘이다. 하나는 국불천위인 우복을 모신 곳이고 다른 하나는 향불천위인 입재를 모신 곳이다. 두 분의 불천위를 한 사당에 모실 수 없고, 종택 내에 두 곳의 불천위 사당을 둘 수도 없어서, 우복을 불천위로 모신 사당은 종가 안에 있는 가묘家廟다. 여기에 우복과 함께 4대봉사를 하는 조상들을 함께 모셔 두었다. 그리고 입재를 불천위로 모신 사당은 종가 뒷쪽의 왼편에 따로 지은 별묘別廟의 형태다. 이처럼 두 개의 사당을 두고 있는 우복종가의 제례적 특징은 어떤 것일까? 몇 가지로 나누어 보기로 하자.

    첫째, 불천위의 제사 방식이 서로 다르다는 점이다. 우복종

우복을 불천위로 모신 사당, 가묘

입재를 불천위로 모신 사당, 별묘

가의 가묘는 정침의 동북쪽에 약간 높은 곳에 있다. 가묘를 동쪽에 짓는 것은 오랜 전통이다. 그러나 입재의 불천위 사당은 남쪽에 지어 우복의 사당과 뚜렷이 구분되게 하였다. 위치도 우복을 모신 사당은 종택의 담장 안에 있고, 입재를 모신 사당은 담장 밖에 있다. 이것은 물론 한 집에 불천위를 두 분 모시고 있기 때문인데, 선조와 후손 또는 국불천위와 향불천위를 구분하기 위함이었다.

제사 방식도 다르다. 우복의 경우는 위에서 말한 것처럼 기일에 지내고, 입재의 경우는 춘추 향사 때만 지내기 때문이다. 탕의 개수도 우복은 7탕, 입재는 5탕으로 일정한 차이를 두고 있다. 이러한 서로 다른 제례 방식은 우복가에서 '종宗'과 '위계位階'를 분명히 하고 있다는 것을 의미한다. 그러나 사정이 이러하지만, 입재에게 우복가를 다시 일으킨 대표적인 조상의 지위를 부여하며 향사를 통해 공경과 예를 다한다. 이것은 학문적 측면을 높이 산 사림의 공의公議를 따른 것이기도 하다.

둘째, 우복가 전체의 제례로 볼 때 합설과 단설이 섞여 있다는 점이다. 우복종가는 퇴계 이황과 한강 정구 등 일련의 대표적인 영남 가문에서 고위와 비위의 제사를 따로 지내는 단설單設의 형식과 달리 고위와 비위를 함께 제사 지내는 합설合設의 형식을 취한다. 이에 대해서 우복 자신도 합설의 정당성을 피력한 바 있다. 일찍이 송준길이 우복에게 편지하여 "지금 세속에서는 고비

考妣를 한 의자에 함께 모시고 있으며, 또 한 탁자에 겸하여 설찬
設饌하여, 『가례』에서 '고考와 비妣는 각각 한 의자와 한 탁자를
쓴다'라고 한 뜻과 전혀 서로 같지 않게 합니다. 저의 집에서는
종전부터 세속에서 하는 것을 따라서 해 왔습니다. 이제 이를 고
치려고 하는데, 어떨지 모르겠습니다"라며 물었다. 이에 대하여
우복은 다음과 같이 답변하였다.

> 양위兩位를 한 탁자에 함께 진설한다는 것은 『오례의五禮儀』에
> 실려 있는 글이니, 시왕時王의 제도를 따르는 것도 무방하네.
> 자네의 집에서 선대로부터 『오례의』를 준행하여 왔다면 이제
> 감히 고쳐서는 안 되네.

『오례의』는 『국조오례의國朝五禮儀』를 줄인 명칭이다. 조선
초기 세종의 명에 의하여 중국의 예서禮書인 『홍무예제洪武禮制』
등을 참고한 것인데, 1474년(성종 5)에 완성된 것이다. 이 책은 국
가의례國家儀禮의 전범이 되었는데, 중국의 예서에 기반하고 있지
만 조선에서 통용되는 예제를 많이 수용하고 있다. 우복 역시 이
를 받아들여, 『가례』와 다르다고 하더라도 선대로부터 『오례의』
를 따랐다면 그대로 준용할 것을 당부하고 있다. 우복가에서도
합설을 바탕으로 제사를 지낸다.
불천위 우복의 제사는 합설로 하지만 그 비위 제사는 단설로

지낸다. 그렇다고 모든 비위 제사를 단설로 지내는 것은 아니다. 4대봉사에서는 다시 합설을 하여 이원적인 형식을 취한다. 이것은, 우복가의 제사는 기본적으로 합설을 하지만, 두 분의 비위, 즉 정경부인 전의이씨와 진성이씨의 제사에 다시 불천위 우복의 위패를 모시고 나올 수 없다는 생각이 작용한 듯하다. 이로써 비위 제사는 조금 간략히 하면서, 불천위 우복의 제사를 더욱 성대히 할 수 있었던 것이다.

셋째, 과일 진설 방법에 특별한 점이 나타난다. 영남 종가의 경우 대추(棗)·밤(栗)·배(梨)·감(柿)을 기본 4과로 하는 것은 같지만, 그 순서는 서로 다르다. 이는 대체로 세 가지 방법으로 나뉜다. 왼쪽으로부터 오른쪽 순으로 보면, 첫째, '대추—밤—배—감'의 순으로 놓는 방법, 둘째, '대추—밤—감—배'의 순으로 놓는 방법, 셋째, '밤—감—배—대추'의 순으로 놓는 방법이 그것이다. 첫째는 한훤당 김굉필 종가와 송재 손소 종가의 경우이고, 둘째는 점필재 김종직 종가와 한강 정구 종가의 경우이며, 셋째는 농암 이현보 종가와 퇴계 이황 종가의 경우이다. 이러한 순서라고 하더라도 다시 다른 과일과 함께 진설할 때는 여러 가지로 달라진다. 우선 우복종가의 진설도를 만들어 보자.

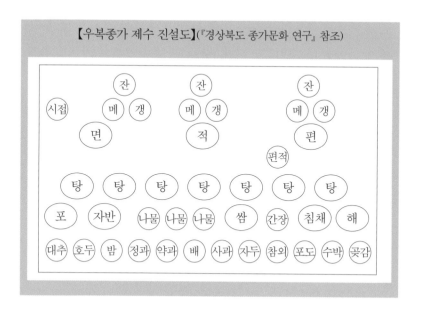

【우복종가 제수 진설도】(『경상북도 종가문화 연구』 참조)

여기서 보듯이 우복종가는 기본 4과 '대추-밤-배-감' 순으로 진설하고 있다. 다른 종가의 경우는, 대체로 이 같은 순서로 하더라도 왼편으로부터 '대추-밤-배-감' 순으로 하고, 다른 과일이나 조과는 오른쪽으로 밀쳐서 진설한다. 그러나 우복종가의 경우는 '대추-밤-배-감'의 사이를 띄워 두고 그 사이에 여타의 과일이나 조과를 놓고 있어 하나의 특징을 이룬다. 여름 제사이기 때문에 여타의 과일로는 주로 자두와 수박 등 시절과를 올리고 있음도 아울러 볼 수 있다.

넷째, 설은 양력으로 쇤다는 점이다. 다른 종가와 마찬가지로 음력설을 꾸준히 쇠다가 지금 종손의 조부인 정용진 재세 시에 양력으로 바꾸었다고 한다. 당시 박정희 정부는 가정의례준칙을 만들어 허례허식을 배격하면서 이중과세는 경제 발전에 방해가 된다며 양력으로 설을 단일화하여 쇠게 한 바 있다. 이에 따라 영남의 많은 종가에서도 양력으로 설을 쇠었는데, 우복종가도 마찬가지다. 이것은 시대에 능동적으로 대응하기 위한 조처라 할 수 있다. 우리는 여기서 14대 종부 예안이씨의 육성을 참조할 필요가 있다.

> 우리가 양력설을 쇠요, 왜냐하면 시아버지 계실 때 박정희 정부 때 권장해 가지고 머 양, 음력설을 안 쇠도록 하고 했는 적이 있어요, 그래가(그래서) 그때 대소가大小家에 다 바꿨어요. 작은집들도 다 바꾸고, 그래가 대소가들 다 바꿋는 바람에 시아바님이 바꿔 주셨어요.

당시 우복의 대소가에서는 정용진의 결정에 따라 음력설을 양력설로 바꾸었다. 그러나 최근에 다시 음력설을 쇠려는 움직임이 있긴 하지만, 예안이씨는 "아니요. 아뱀(아버님) 바까(바꿔) 주셨는데 길도 편하고 날씨도 더 따시고 물가도 쌉니다. 나는 안 바꿉니더"라고 하면서 변화된 전통을 새로운 전통으로 삼아 지키고자 한다. '아뱀'은 종부의 시아버지 정용진을 말한다. 그리고 최근에는 음력설을 이용하여 제주도 등을 여행한 적도 있다고 했다.

　모든 문화는 불변과 변화 속에 존재한다. 종가문화 역시 마찬가지다. 우복의 14대 종부인 예안이씨와의 대화 속에, "제사 줄이라는 일가 어른의 말씀이 있었지만, 후대에는 몰라도 할 수 있는 데까지 하겠다고 하고 지금까지 자부심을 가지고 정성을 다해 모시고 있다. 하지만 며느리한테까지 그렇게 하라고는 못하겠다"라는 말에서 분명히 확인할 수 있다. 계승에 방점을 찍으며 지켜 왔지만, 세상의 변화를 따르지 않을 수 없는 고민이 잘 드러나 있다고 하겠다.

　제사는 위대한 조상 불천위를 만나는 매우 중요한 의식이다. 종손만이 주인으로 그것을 할 수 있으므로 이에 따른 의무와 특권이 있기도 하다. 그러나 우리가 살고 있는 오늘날 이를 어떻게 보존하고 발전시킬 수 있을까 하는 것은 단순한 문제가 아니다. 전통 가정이 끊임없이 해체되어 가고 있으니 말이다. 가정이 사회의 근간이라는 사실을 누구도 부정하지 못할 것이다. 따라서 이것은 사회나 국가적 차원에서 관심을 기울여야 한다. 종가는 우리 문화를 지켜가는 매우 중요한 요소가 있으므로 더욱 많은 관심을 가져야 할 것이다.

3. 계정과 대산루

    우산천愚山川이라고도 불리는 이안천을 끼고 난 둑길을 따라가다 보면 작은 다리를 만난다. 거기에 서면 아래쪽으로 '문장공우복정선생별업文莊公愚伏鄭先生別業'이라고 쓴 어풍대가 보이고, 또 어떤 거센 물에도 밀리지 않는 지주砥柱의 이미지를 지닌 바보바위 우암愚巖도 보인다. 그리고 다리 건너편으로 우복의 강학공간이었던 계정溪亭 청간정聽澗亭과 서실書室 대산루對山樓가 보인다. 모두 1700년대 후반에 정종로가 복원한 것이다. 지금의 건물은 1978년에 정부지원으로 보수한 것이다. 계정 앞에는 대산루와 계정(경상북도 유형문화재 156호)에 대한 안내판이 서 있다. 내용은 이렇다.

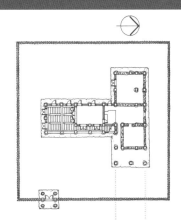

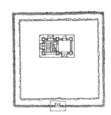

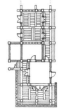

대산루와 계정 평면도

0 2 5 10M

이 건물은 조선시대 이조판서를 지낸 우복愚伏 정경세鄭經世의 6대손 정종로鄭宗魯(1738~1816)가 전보다 크게 중창한 가옥과 부속정자이다. 이 건물은 좌측 언덕 위에 있는 우복종가와 그 뒤쪽 주산 밑에 있는 도존당(서원) 및 고직사와 서로 관계를 맺으며 정씨 일가의 작은 모서리 기둥(隅柱)를 이루고 있다. 대산루는 단층과 2층 누각이 연접된 2층 T자형 건물이다. 단청은 정사로 강학공간으로, 누각은 휴양·접객·장서·독서 등을 위한 복합용도 건물이다. 계정溪亭은 우복이 1603년에 지은 정자로 청간정聽澗亭이라 부르기도 한다. 방 1칸과 마루 1칸의 최소 규모에 초가지붕을 한 3량가의 소박한 건물이다. 마루 서쪽 벽에 초가에서 보기 드문 고식의 영쌍창이 나 있다. 창을 열면 언덕 위의 종가宗家가 바라보인다.

이 설명에 의하면 종가와 우산서원 도존당, 계정과 대산루가 일체를 이룬다는 사실을 알 수 있다. 원래 이 계정과 대산루 일대는 율리촌에 있는 종가 본제本第에 딸린 별서의 형태였다. 우복의 4대손 정주원 대에 이르러 종가가 건립되고, 정주원의 손자이면서 우복의 6대손인 입재 정종로 대에 이르러 계정과 대산루 일대는 커다란 변화를 겪는다. 이때 입재는 본격적으로 우복 기념사업을 벌이게 되는데, 18세기 후반에 계정과 대산루를 복원하는 등 일대의 우복 유적을 정비를 하게 되었던 것이다. 이후 1804년

에는 우산동천 일대의 문화를 소개한 『우산지愚山誌』를 쓰기도
한다.

우복은 계정에 앞서 초당을 지었다. 이것을 지을 때 그는 당
나라의 시인 두보杜甫(712~770)를 생각했다. 두보는 760년인 경자
년에 초당草堂을 짓기 시작하여 762년인 임인년에 완성하게 된
다. 이것을 중국 연호로 보면 상원上元 1년에 시작해서 보응寶應 1
년이 된다. 이 때문에 두보는 「기제초당寄題草堂」에서 "상원 때 경
영하기 시작하여서(經營上元始), 보응 때야 겨우 마쳐 손을 놓았네
(斷手寶應年)"라고 할 수 있었다. 우복은 이를 특별히 거론하면서
두보와 자신, 그리고 초당의 관계를 다음과 같이 언급하였다.

> 내가 경자년(1600) 봄에 비로소 우산愚山의 북간北澗에 땅을 얻
> 은 다음 온 힘을 다 기울여 집을 지었는데, 임인년(1602)에 이
> 르러서야 당堂과 실室이 대충 완비되었다. 그 사이의 노고는
> 대개 두자미의 고생 정도만이 아니었으며, 세월이 오래 걸린
> 것도 서로 간에 아주 흡사하였고, 간지干支의 호칭도 역시 같
> 았다. 이것이 비록 우연히 들어맞은 것이라고는 하지만, 가슴
> 속에 느낌이 일지 않을 수가 없었다. 아, 내가 두자미와 같은
> 것이 어찌 이 한 가지일 뿐이겠는가. 가난하고 외로운 것이 첫
> 번째 같은 점이요, 몸이 파리한 것이 두 번째 같은 점이요, 병
> 란을 만나 곤욕을 겪은 것이 세 번째 같은 점이요, 언사言事에

가벼워 끝내는 곤욕을 당한 것이 네 번째 같은 점이요, 자신에 대해서 지나치게 허여하여 다른 사람에게 비웃음을 받는 것이 다섯 번째 같은 점이다. 임금을 사모하고 나라를 걱정하는 마음을 밥 한 술 먹는 즈음에도 잊지 못하는 충성심에 이르러서는, 비록 감히 스스로 두자미와 같다고는 못하겠으나, 역시 감히 스스로 같지 않다고도 못하겠다. 두자미와 같지 않은 점은 오직 문장文章이 천고에 빛나고 광염光焰이 천 길이나 높은 것뿐이다. 불행한 바에 있어서는 서로 같으면서 장점에 있어서는 서로 같지 못하니, 이 역시 조물주가 그렇게 만든 것이다. 나는 이 점에 대해 느끼는 바가 있을 뿐만 아니라, 또한 나 스스로에 대해 비통하게 생각한다.

우복은 두보와 자신을 견주어 볼 때, 두보의 최대 장점인 빛나는 문장과는 서로 다르지만, 고난의 측면에서는 여섯 가지나 같다고 했다. 첫째, 가난과 외로움, 둘째, 파리한 몸, 셋째, 병란으로 인해 겪은 곤욕, 넷째, 말로 인해 겪은 곤욕, 다섯째, 자신에 대해 지나치게 허여함으로 인해 받은 비웃음, 여섯째, 나라에 대한 충성심이 그것이다. 이뿐만 아니라 지은 초당도 일치하는 점이 두 가지인데, 경자년에 시작해서 임인년에야 완성되는 간지가 그러하며, 그 사이의 고생과 이로 인해 발생한 긴 건축 기간도 같다고 했다.

우복은 생활공간을 확보하기 위하여 초당을 지었다. 그 다음 해인 1603년에는 계정을 짓는다. 그는 이곳을 수양과 강학공간으로 활용하였다. 입재 정종로 대에 이르러서는 이미 초당은 없어지고, 계정을 복구하여 우복의 뜻을 고스란히 보존하고자 했다. 그것은 '청빈의 미학'이라 할 수 있을 터인데, 우복의 정신을 살필 수 있는 상징적인 공간이 되기도 한다. 우복은 계정에서 다음과 같은 시를 지었다.

시냇물 맑긴 거울 같은데,	溪水淸如鏡
초가집은 좁아 배 비슷하네.	茅堂狹似船
홰나무 꿈에서 막 깨어나,	初回大槐夢
애오라지 소승 선을 한다네.	聊作小乘禪
밥알 던져 물고기가 먹는 걸 보고,	投飯看魚食
노래 멈춰 백로 졸길 기다리네.	停歌待鷺眠
사립문을 하루 종일 닫아걸고,	柴門終日掩
홀로 앉아 있노라니 뜻 유연하네.	孤坐意悠然

고요하고 맑다. 우복은 이러한 분위기 속에서 수양을 했나 보다. 함련에서 '대괴몽'을 제시했다. 이것은 남가일몽南柯一夢의 고사로 한바탕의 헛된 꿈을 말한다. 즉 중국의 당나라 때 사람 순우분淳于棼이 술에 취하여 홰나무 아래에서 잠을 잤는데, 꿈에 대

계정

계정 내부

괴안국大槐安國의 남가군南柯郡을 다스리면서 20년 동안 부귀영화를 누리다가 깨어나서 보니, 그곳은 바로 홰나무 남쪽 가지 아래에 있는 개미굴이었다는 것이다. 이 꿈에서 깨어나 우복은 소승小乘불교의 중들이 해탈을 구하기 위해서 선정에 들듯이 그 스스로 조용히 수양한다고 했다.

계정을 청간정이라 하기도 했다. 시냇물 소리를 듣는다는 의미이다. 우복은 1615년에 강원도 일대를 유람하게 되는데, 그때 고향의 청간정을 생각하면서, "만송주엔 세 칸짜리 초가집이 서 있고(三椽茅屋萬松洲), 청간정 앞쪽으론 한 오솔길 그윽하네(聽澗亭前一逕幽). 어젯밤 꿈속에 돌아가 뒤척일 제(昨夜夢歸仍不寐), 허공 가득 싸늘한 달 서쪽 누각 걸렸었네(滿空涼月在西樓)"라고 했다. 귀거래의 뜻을 진하게 드러냈다. 일찍이 그는 「귀거래사」에 차운하며, 고향으로 돌아가길 간절히 원한 바도 있었다.

계정 옆에 있는 대산루는 참으로 예쁜 누각이다. 산을 마주 대한다는 의미이다. 이 누각은 구체적으로 언제 지어졌는지 알 수가 없다. 1796년(정조 20) 가을에 대산루에 오른 기록이 있으므로 그 이전에 지은 것임을 알 수 있다. 이 누각이 세간에 주목을 받은 것은 2층으로 되어 있고, 그 2층에도 온돌방이 있기 때문이다. 우리나라 한옥이 거의 단층으로 되어 있어 이러한 형식의 한옥은 흔한 것이 아니다. 일층은 'ㅜ'자형으로 이루어져 있는데, 이층은 일층의 가로 획 위에 1층과 같은 'ㅡ'자형 평면을 올렸

소화기

대산루의 2층으로 오르는 돌계단

다. 1층과 2층은 돌계단으로 연결하였다.

　일층은 강학공간이라 할 수 있다. 온돌방과 부엌도 갖추고 있어 생활하기에 조금도 불편함이 없도록 설계되어 있다. 이 1층은 정면 5칸 측면 2칸으로, 남쪽 2칸은 대청, 북쪽 2칸은 온돌방이며, 1칸은 부엌이다. 온돌방 앞으로는 툇마루가 있으며, 이곳을 이용하여 2층의 누각으로 올라간다. 2층으로 오르는 계단은 돌로 되어 있다. 이것은 한옥에서 일반적으로 설치하는 나무계단과 달라서 특별하다. 1층과 2층의 이질감을 주어 새로운 세계로의 진입을 말하는 것과 동시에 실용적으로 화재를 차단하는 기능을 담당한다.

　여기서 우리는 1층과 2층을 연결하는 한 칸을 주목한다. 대
산루는 1층과 2층을 정확하게 한 칸을 띄워서 지었다. 이에 대하
여 정명섭 교수는 「상주 계정과 대산루의 건축적 특성」(『상주문화』
17, 2007)에서 다음과 같이 설명하고 있다.

　　두 건물 사이에 비워진 이 한 칸은 두 건물을 구조적 · 공간적
　　으로 자연스럽게 하나로 교합해 주는 중요한 틈새 공간이다.
　　한 칸을 띄움으로써 우선 두 건물에서 뻗어 나온 처마가 이 한
　　칸에서 위아래로 겹쳐지면서 두 건물의 지붕을 무리 없이 결
　　합할 수 있게 한다. 또한 정사와 누각의 부엌공간이 상호 연결
　　되어 확장과 함께 기능적 통합이 이루어지도록 한다. 무엇보
　　다 이 한 칸이 있었기에 누각으로 오르는 돌계단을 놓을 수 있
　　고, 이 돌계단을 통해서 정사와 누각을 하나의 내부동선으로
　　연결할 수 있다.

　이를 보면 정종로가 대산루를 지으면서 얼마나 신경을 썼는
가 하는 것을 알 수 있다. 아래위층의 처마가 결합되게 하고, 부
엌공간이 통합될 수 있게 하며, 계단을 놓아 1층과 2층을 연결하
는 내부동선을 가능하게 했다. 이러한 통합과 확장의 기능을 가
진 이 한 칸의 설계야 말로 대산루를 읽는 핵심이라 하지 않을 수

없다. 계단의 바깥쪽은 회벽을 바르고 전돌로 높낮이를 조절하며 다섯 개의 '工' 자를 장식해 두었다. 대산루가 강학공간이라는 것을 분명히 나타낸 것이면서, 동시에 오행五行이나 오상五常 등 유교적 상상력이 가능하도록 했다.

'공'은 '공부工夫'를 뜻한다. 그렇다면 '공부'란 무엇인가? 명종 때 사람 조원수趙元秀는 임금에게, "공부의 공工은 여공女工의 '공'자와 같고, 부夫는 농부農夫의 '부'자와 같습니다. 말하자면 사람이 학문을 하는 것은 여공이 부지런히 길쌈을 하고, 농부가 힘써 농사를 짓는 것과 같이 해야 한다는 뜻입니다"라고 하였다. 명종에게 아뢴 이 말이 공부를 제대로 설명한 것으로 인정되어 사람들의 입에 오르내렸다고 한다. 여기서 선비들은 무엇으로 공부를 해야 하는가 하는 것을 분명히 알 수 있다.

대산루에는 풀리지 않는 하나의 의문이 있다. 그것은 바로 이층 누각 마루에 나 있는 홈구멍이다. 이것에 대하여 종손 정춘목에게 물어보았더니 청소를 위한 것이라고 했다. 청소를 하면서 먼지 등을 아래쪽으로 내려보내기 위한 것이라는 말이다. 이 밖에도 용변을 보기 위한 것이라거나 작은 물건을 손쉽게 2층으로 올리기 위한 것이라는 등의 의견이 있기는 하나 믿기가 어렵다. 마루의 홈구멍은 사실 대산루에만 있는 것이 아니다. 정명섭 교수의 조사에 의하면, 봉화 도계서원 강당, 양동 관가정, 영덕의 존재종가, 청송의 남산재사, 완주 화암사의 우화루 등에도 다양

대산루의 공차벽

하게 보인다.

우리의 전통 한옥은 온돌과 마루를 갖추고 있다. 온돌은 따뜻함을 지향하면서 폐쇄적이고, 마루는 시원함을 지향하면서 개방적이다. 이것은 원심력과 구심력으로 설명할 수도 있을 것이다. 계정과 대산루에서도 이러한 이중구도를 만난다. 특히 대산루는 1층에도 온돌과 마루가 있고, 2층에도 온돌과 마루가 있다. 겨울에는 침잠해 궁리하고 여름에는 산천을 바라보며 풍류를 즐긴다. 이것은 이성공간이며 동시에 감성공간이라는 말이다. 어쩌면 대산루 자체가 사람이다.

대산루 마루의 홈구멍

4. 종택과 우산서원

계정과 대산루를 지나 왼편으로 비스듬히 난 가파른 길을 오르면 종택이 있다. 그 바탕이 되는 곳을 우복은 '회원대懷遠臺'라고 하면서 우곡20경 가운데 전10 제2경으로 읊은 바 있다. 1750년대에 조정으로부터 사패지賜牌地가 내려오게 되자, 우복의 현손 정주원이 이에 따라 종가를 우산으로 옮기게 된다. 대문 앞쪽에도 넓은 공터가 있고, 공터의 가장자리에 소나무가 있으며, 그 아래로 이안천, 즉 우복천이 흐른다.

솟을대문은 5칸으로 되어 있는데 1988년에 복원한 것이다. 원래 이 대문간에 역대로 내려오던 고문서와 고문헌이 보관되었는데, 1948년에 화재가 발생하면서 대문채와 함께 불탔다. 솟을

우복종택 전경(한국학중앙연구원 촬영)

우복종가 평면도

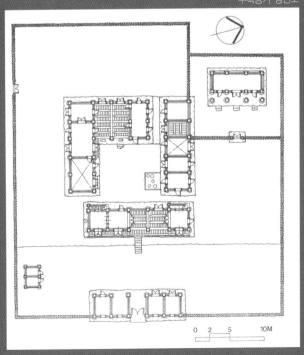

0 2 5 10M

산수헌

산수헌 편액

대문을 들어서면 넓은 마당 건너편에 사랑채·안채·행랑채가 '튼ㅁ자'를 이루면서 앉아 있고, 그 뒤편 오른쪽에 불천위인 우복의 사당이 있다. 그리고 집 바깥쪽에 또 다른 불천위인 입재의 사당이 뒤쪽 왼편 높은 곳에 자리하고 있다.

대문을 들어서면 바로 보이는 곳이 사랑채이다. 거기에 '산수헌山水軒'이라는 현판이 걸려 있다. 입재 정종로가 세상을 뜬 곳도 바로 이 산수헌이다. 때는 1816년(순조 16) 6월 6일이었고 향년은 79세였다. 산수헌 마루에 서면 앞이 확 트여 마음이 시원해진다. 우복이 그의 육안으로 보았을 경치가 한눈에 들어온다. 그리고 그 경치를 사랑하며 선조 우복을 위하여 다양한 사업을 벌였던 입재의 마음도 여기서 새롭게 읽힌다. 입재는 일찍이 산수헌에 대하여 다음과 같은 시를 지은 적이 있다.

시내에 아래위로 나는 많은 갈매기,　　　　　溪多上下鷗鷺
비 내려 들쑥날쑥 돋는 기장과 벼가 더욱 푸르네.　雨綠參差黍稻
산수헌 가운데 한가하게 앉아 있노라니,　　　　山水軒中閑坐
때때로 두세 노인이 찾아온다네.　　　　　　時來兩老三老

산수헌에서 아래를 굽어보면 이안천이 굽이를 이루며 흐르고 그 이안천을 따라 아래위로 갈매기들이 많이 난다. 정종로는 시선을 조금 더 멀리 하여, 옛날 우복이 만송정이라고 했던 곳과

산수헌에서 본 풍경

그 너머의 넓은 들판을 바라본다. 마침 비가 와서 기장과 벼가 싱싱하게 돋아난다. 들판까지 나아갔던 시선을 다시 거두어들인다. 현재 자신이 앉아 있는 산수헌이다. 여기에 한가하게 앉아 있노라니, 때로는 두 사람, 때로는 세 사람의 노인이 찾아온다. 한가롭고 맑다. 정종로는 이러한 한가롭고 맑은 서정을 통해 자신이 사는 산수헌의 격조를 더욱 높였다.

'산수헌'의 '산수'는 자연을 의미하는 것으로 『논어』의 '요산요수樂山樂水'에서 갖고 왔을 것이다. 일찍이 공자는 "지자知者는 물을 좋아하고 인자仁者는 산을 좋아한다. 지자는 역동적이고 인자는 차분하다. 지자는 즐기고 인자는 오래 산다"라고 하였다. 이에 대하여 주자는 "지자는 사리에 통달해서 물처럼 막힘이 없고, 인자는 의리에 편안하고 중후한 모습이 산과 같다"라고 했다. 정종로는 이를 깊이 생각하면서 이 산수헌에서 인仁과 지知를 생각했을 것임에 틀림이 없다.

산수헌은 앞쪽에 2층으로 된 높은 석축石築을 쌓고, 가운데에 8개의 돌계단을 만들어 오를 수 있게 했다. 마루에 오르기 위해서는 다시 섬돌을 하나 더 올라야 한다. 이것은 마루에 함부로 올라갈 수 없으며, 거기에 오르기 위해서는 경건한 마음을 가져야 한다는 의미가 내포되어 있는지도 모른다. 2칸의 대청마루를 중심으로 좌측에는 2칸의 큰 방이 있고, 오른쪽에는 1칸의 작은 방이 있다. 전면에는 모두 툇마루를 설치하였는데, 가운데 툇마루는 출입이 편리하도록 다른 부분보다 한 단을 낮추었다. 이 부분을 제외하고는 모두 계자각 난간을 돌려 정자처럼 만들었다.

산수헌에서 안채로 통하는 문은 둘인데, 하나는 큰방에 외여닫이문으로 되어 있고, 다른 하나는 미루에 쌍여닫이문으로 되어 있다. 마루에 있는 문이 흥미롭다. 왼쪽은 벽으로 막아 안채와 단절되게 하였고, 오른쪽의 쌍여닫이문으로는 대각선으로 안채가 살짝 보일 뿐이다. 위에서 제시한 입재의 시에서도 확인되듯이, 산수헌에는 많은 손님들이 찾아왔을 것이고, 그들은 때로 마루에 앉아 이런저런 이야기를 나누었을 것이다. 이때 바람이 시원하게 통하면서도 안채가 제대로 보이지 않도록 하기 위해 이와 같이 만들었을 것인데, 세심한 배려라 하겠다.

안채는 여성들이 주로 생활하는 공간이다. 지금의 노종부도 여기에 산다. 이 집은 'ㄱ자' 형태로 되어 있는데 정면이 4칸, 좌측면이 5칸, 측면이 2칸이다. 중앙은 2칸의 대청으로 구성되어 있다. 마루를 중심으로 좌측에 큰방과 부엌이 있고, 우측에 작은방이 있다. 안채의 마루에서 불천위 제사와 4대 봉제사를 모신다. 이곳이 바로 정침(몸채)이며 이 집의 중심을 이루기 때문이다.

사당은 정침의 동북쪽에 위치한다. 『주자가례』에 사당은 정침의 동쪽에 세운다고 하였으며, 퇴계도 동쪽에 세우는 것이 옳다고 언급한 바 있다. 이러한 지침에 따라 동쪽이나 동북쪽 높은 곳에 사당을 세우게 되는데, 이렇게 동쪽에 세우는 것은 동쪽이

우복 사당의 정조 사제문 현판

태양이 떠오르는 곳으로 생명의 근원을 상징하기 때문이며, 조상
은 바로 우리 생명의 원천이라는 의식이 깊게 작용한 까닭이다.
사당의 중앙 문미에는 1796년(정조 20)에 내린 사제문 편액이 걸려
있다. 가묘에 제사 지낼 때 내린 것인데, 일부를 들어 번역하면
이렇다.

숭정 169년 세차 병진(1796, 정조 20) 9월 19일에 국왕께서 신
예조좌랑 민광로閔廣魯를 보내어 문장공文莊公 정경세鄭經世
의 영전에 제사 지내게 하셨습니다.

내가 주자 글 보기를 몹시 좋아해, 두루 꿰고 한데 모아 분류하였네. 경이 지은 『주문작해朱文酌海』를 펼치어 보다, 경 맘속에 터득했던 바를 알았네. 퇴도 풍모 그리면서 사숙하였고, 자양에게 충성스런 마음 바쳤네.…… 맑은 풍모 온화하고 성대했나니, 나의 생각 아득히 먼 공을 그리네. 그런데 더군다나 공의 외손은, 여흥민씨 집안에다 경사 남겼네. 근원 찾아 거슬러서 올라가 보니, 역시 공경 바치는 게 의당하구나. 뒤를 이은 후손 있어 대에 오르니, 공의 전형 그대로 남아 있구나. 신하 보내 경에게 잔 올리는 것은, 주자의 글 내가 몹시 좋아해서네.

첫 번째의 글은 정조가 우복에게 사제문을 내리고 예조좌랑

『주문작해』

을 시켜 제사 지내게 한 경위를 말한 것이다. 두 번째의 글은 정조 사제문의 들머리와 마지막 부분이다. 정조는 주자의 글을 좋아한다는 말을 앞뒤에서 같이 하였고, 이에 근거하여 책을 보다 우복이 지은 『주문작해朱文酌海』를 보고 그 마음을 알았다고 했다. 학문이 퇴계를 거슬러 올라가 주자에게 이어진다는 것을 터득하였던 것이다. 그리고 마무리하면서 우복의 둘째 딸이 송준길宋浚吉에게 시집갔고, 송준길의 딸이 민유중閔維重에게 시집간 일을 상기시키면서 정조와 우복의 관계를 말했다. 민유중은 바로 인현왕후의 아버지이자 숙종의 장인이기 때문이다.

현재 사당에는 불천위 우복과 함께 종손의 4대 조상까지 모셔져 있는데, 그 내부를 들여다보면 다음과 같다.

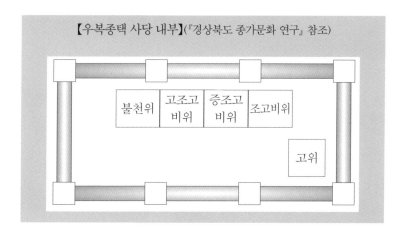

【우복종택 사당 내부】(『경상북도 종가문화 연구』 참조)

불천위	고조고비위	증조고비위	조고비위
			고위

사당 내부

　　사당의 전면은 툇마루로 되어 있는데 둥근 기둥으로 되어 있
고, 나머지는 그림에서 사각형으로 그려 놓았듯이 모두 사각 기
둥인데, 건물은 3량가梁架의 맞배지붕이다. 사당 내부로 들어가
면 가장 왼쪽에 불천위인 우복 3내외분의 신위가 있고, 오른쪽으
로 가면서 종손의 고조고비위, 증조고비위, 조고비위가 봉안되어
있다. 고위는 동쪽 우측면에 서향해 있다. 사랑채에 있는 종손 방
으로 들어가면, 이들의 기일이 적힌 액자가 벽에 걸려 있는데, 입
재 정종로의 춘추향사일도 함께 기록되어 있다.

　　또 다른 불천위인 입재를 모신 사당은 담장 밖 남쪽 높은 곳에 위치하고 있다. 사당의 정면에는 특별하게 툇마루를 만들지 않았으며, 네 개의 둥근 기둥을 설치하고, 나머지는 우복을 모신 사당과 마찬가지로 사각 기둥을 설치하였다. 내부에는 정종로 내외의 위패만 모셔져 있다. 정종로의 신위에는 '顯九代祖考通訓大夫行司憲府掌令府君神位'로 되어 있고, 그 부인의 신위에는 '顯九代祖妣淑人完山李氏神位'로 되어 있다. 봉사손으로는 '九代孫椿穆奉祀'로 종서되어 있다. 바로 이 사당에서 춘추로 향사를 지내며, 입재의 덕을 기린다.

이제 종택을 나와 가까이에 있는 우산서원愚山書院으로 가 보자. 계정과 대산루에서 똑바로 산 밑으로 난 넓은 길을 따라가면 나온다. 이 서원은 원래 우복의 6대손 정종로가 세운 서당에 기인하는데, 뒤에 서원으로 승격시켰다. 1796년(정조 20) 정종로를 중심으로 지방 유림의 공의를 거쳐, 먼저 우복의 위패를 모셨고, 정종로 사후에는 그를 추가 배향하였다. 1868년(고종 5) 대원군의 서원철폐령으로 훼철되었다가 20세기 초에 강당만 복원하였다.

서원의 정문은 입도문入道門이다. 삼문三門의 솟을대문으로 되어 있으며, 안으로 들어가면 강당 도존당道存堂이 있다. 강당은 5칸 겹집인데 일반적인 팔작지붕으로 되어 있다. 훼철 때 남아 있던 초석의 배열에 따라 전면에 반 칸의 툇마루를 두었다. 이는 상주지방 건축의 전통이기도 하다. 현재의 툇마루 높이는 대청보다 한 단 낮은데, 강당으로 편리하게 오르기 위한 조처다. 대청

우산서원 도존당 편액

우산서원 기둥

우산서원

과 툇마루에는 굵은 기둥을 두 줄로 세워 위엄을 보이고 있다. 강당 옆에는 원래 있었던 것으로 보이는 'ㄱ'자 모양의 주사 건물이 남아 있다.

우산서원에 우복을 봉안할 때 학서鶴棲 류이좌柳台佐(1763~1837)가 봉안문을 썼다. 그는 이 글에서, 주자와 퇴계, 그리고 서애를 거쳐 우복으로 내려오는 도맥을 먼저 제시하고, 우복의 학문과 정치적 활동, 지역사회에 대하여 끼친 영향 등을 두루 언급하였다. 엄격한 출처관에 따라 나아가고 물러남을 적의適宜하게 하였다는 것을 강조하기도 했다. 특히 우산서원이 있는 곳은 우복이 즐겨 다니며 지은 20경시가 있고, 설說의 대상이 되었던 우암이 있으며, 인지仁智의 즐거움을 누린 산수가 있다고 했다.

우복 정경세를 알고자 하는 자, 우산으로 가 볼 일이다. 거기에는 이안천을 중심으로 우복이 경영하며 노래한 우곡20경이 펼쳐져 있고, 세찬 황토에도 끄떡이지 않는 우암이 있다. 이를 통해 우복이 어떤 생각을 했는지, 또 어떤 실천을 했는지 알 수 있다. 그리고 계정이며 대산루, 우산서원, 종가와 두 개의 사당을 통해 우복의 정신을 받들며 후손들이 어떻게 살아왔는지, 또한 어떻게 살아가고 있는지도 확인할 수 있다. 종가 이름 산수헌! 나는 여기서 인지仁智의 이상을 본다. 산에서 물이 솟듯이 '인'을 바탕으로 '지'가 활용된다는 것도 이해한다. 우복종가는 바로 이러한 이상이 함께 있는 곳이다.

제6장 종손과 종부 이야기

1. 14대 종부 예안이씨

　　종가는 종부가 지킨다고 해도 과언이 아니다. 우복의 14대 종부 예안이씨 이준규李準奎(1943년생)를 만나면 이런 생각이 바로 든다. 다른 사람들이 모두 떠나도 홀로 남아 큰집을 지키고, 청소도 혼자서 하고, 제물祭物도 스스로 마련한다. 찾아오는 손님들이 있으면 이들을 맞이하는 것도 종부의 몫이다. 어느 종부가 그렇지 않겠는가만, 불천위 종부라는 자부심도 있지만, 이에 대한 의무감 역시 강하게 자리하고 있다. 이 때문에 오늘의 우복종가가 있게 된 것이다.

　　종부는 예안이씨 집성촌인 안동시 풍산 우렁골(芋洞)에서 1943년에 2남 5녀 중 맏딸로 태어났다. 아버지(李萬善)의 직장을

따라 처녀 시절에는 줄곧
인천에서 지냈다. 20세 때
혼담이 오갔고 23세 때인
1965년에 자신보다 다섯
살이 많은 정연鄭演(1938~
1975)에게 시집을 와 비로
소 우복의 14대 종부가 되
었다. 중매는 이씨의 종고
모부인 식산息山 이만부李
萬敷(1664~1732) 종손이 했는
데, 이분이 나중에 시아버
지가 되었던 정용진鄭龍鎭
과 친구 사이였기 때문이
다. 이씨는 당시의 상황을
이렇게 기억한다.

14대 종손과 종부 예안이씨

식산 종손이 우리 종고모부셨어요. 그 어른하고 우리 시아바
님하고 친구시거든. 그러이(그러니) "이 사람 내 며느리감 구해
라" 이카이게네(이렇게 이야기하니), "내 처 종질녀가 있는데 한
번 해봐라" 흐흐 이랬는데, 그 혼인 말이 나는 그렇게 이야기
를 하고서는 한 3년이 흘렀어요. 우리 할아버지가 대게 하시고

싶어 해요. 이 집에 혼인을, 혼반이 안 속는다는 이유 때문에, 혼반이 좋다는 거 때매 하시고 싶으신데, 우리 아버지는 또 뭐 내가 스무 살 날 때 혼인 말이 나니까, 그 뭐 그렇게 보낼 일도 없고 급하지도 안 하고 한데 아직 안 보낼랍니다는 식으로 얘기하시니까, 회(화)가 나싰서(나섰어), 화가 나서가지고, "모르겠다, 니 자식 니 맘대로 해라" 흐흐흐, 그리이(그러니) 그래고 (그리고) 한 3년이 흐른 뒤에, 인제 또 인천에 사셨으니까, 내가 인천에서 결혼해서 왔어요. 그러니까 경상도 묘사 지내러 할아버지가 내려가시니까, "가시거든, 뭐 어데 혼처를 알아보이쇼" 이렇게 되이게(되니까) 딴 데는 한 개도 알아보지도 않고, 우선 "그 신랑 장개(장가) 간나 안 간나" 하하하, 하는 거만 물어보셨어.

이렇게 성사된 두 집의 혼인, 이씨는 올 때는 트럭을 타고 이안천 언덕까지 와서, 가마로 옮겨 타고 징검다리를 건너 지금의 종가로 들어왔다. 이씨는 당시의 사정에 대하여, "우리 할아버지는 나를 여다 델다 주고 가시면서, 내에 다리도 없었어. 징검다리 건너고 다녔고, 전깃불도 안 들왔고 뭐 밤이면 깜깜한 밤중이고 그럴 때니까"라며 당시를 기억했다. 그리고 조부(李用夏)께서 이곳을 떠나는 날, 손녀 이씨의 방에 들어와 손을 잡고 하시는 말씀, "참아라", "부지런해라"라는 것이었다. 이런 말을 남기고 가신 조부는 곧이어 이씨에게 편지를 했다. 당시 조부의 나이 71세였다. 이씨는 그 편지를 다음과 같이 아직도 생생하게 기억하고 있었다.

이십삼 년 너를 고이 길러
심산궁곡深山窮谷에 떨치고 돌아서는
칠순七旬 노조老祖의 허픈 심사
필설筆舌로 형언 못할다.
여자女子 유행有行이
원부모遠父母 이형제離兄弟는 구래舊來의 법이니
내가 상회傷懷한들 무슨 소용 있나.
승순군자承順君子 효양구고孝養舅姑하고
생남생녀生男生女 곱게 길러서 잘 살아라.

애틋하다. 이씨는 이 편지를 받고 흐르는 눈물을 감출 수 없었다. 이씨가 처음 시집을 왔을 때 새로 오신 시어머니와 56세의 시아버지가 계셨다. 시부모의 성품은 너그러웠다. 이 때문에 이씨는 "나는 시집살이가 힘든다는 거는 안 느꼈어요. 왜냐하면 안동 저짝이 좀 깐깐하잖아요"라고 하면서, "성품들이 수월하고, 하지 마라는 거보다 해도 되는 게 더 많은 집이니까, 보이게네(보니까) 뭐 말리고 그거 하지 마라, 그래면(그러면) 안 된다, 이 말씀보다, 그래 됐다, 이런 식이시니까"라며 술회할 수 있었다. 이씨는 특히 시아버지의 사랑을 듬뿍 받았다고 한다. 다음 이야기에서 이것은 구체적으로 드러난다.

> 와 보이께네(와 보니) 시아바님 너무 귀애, 자상하시고 하신 게라요. 뭐 애(종손 정춘목을 말함) 동생 낳았을 때까지는 내가 한복에다 버선 신발을 했어요, 한복 차림을 했는데. 둘째를 낳고 나니까 천을 떠다 주시면서 "칠부 해라. 요만침(이만큼) 해 입어라. 요만침 내놔라" 이카시면서(이렇게 이야기하시면서) 천을 떠다 주시더라고요. 〈아, 에 직접 천도 떠다 주시고?〉 천 다 떠다 주시고 또 뭐 속치마에 다는 레이스도 사다 주시더라고요. 〈아, 시어른께서?〉 "이거도 달아 입으면 예쁘단다" 이카시고 (이렇게 이야기 하시고), 양산도 사다 주시고. 그래 내 속으로 "시집 가 봐라 그러더만(그렇게 이야기하더니만) 여(여기) 친정보다 더 좋구나, 개방됐구나" 이 생각이 나더라고요.

그러나 이씨에게는 커다란 불행이 닥치고 말았다. 2남 2녀를 낳고 다복하게 살아가던 중 남편이 교통사고로 세상을 떠나고 말았기 때문이다. 당시 남편의 나이 38세였다. 이씨는 스물셋에 시집을 와서 서른셋에 혼자가 되고 말았던 것이다. 당시 아들 춘목은 겨우 열 살이었다. 이씨는 이에 대하여, "아침에 집에서 나갔던 사람이 교통사고로 그렇게 되고 보니 정신이 아득했습니다. 사랑채에는 시어른이 계시지요, 맏이가 열 살, 그 아래로 아홉 살, 일곱 살, 네 살이었어요. 4남매를 어떻게 키워야 하나 눈앞이 캄캄했습니다"라고 술회했다.

이후 이씨가 참으로 힘든 삶을 살았다는 것을 우리는 미루어 짐작할 수 있다. 그것은 종부로 힘들었던 것이 아니라, 한 사람의 여자로서 남편 없이 살아가는 데서 오는 어려움이었다. "짜증을 내면 누가 받아 주며, 나는 살면서 부부가 싸우는 게 부럽더라"라고 하는 말 속에 이씨의 애잔한 심경이 읽힌다.

이러한 어려움을 이기게 했던 가장 큰 힘은, 신행까지 따라와 격려했던 조부와 살뜰하게 보살펴 주셨던 시아버지, 그리고 자라나는 아이들이었을 것이다. 이씨는 모든 것을 운명으로 받아들이는 넉넉한 성품을 지니기도 했다. "저 애들 사남매 데리고 혼자 됐다고 해도 맹(매양) 애들 데리고 살아야 될 건데, 거 뭐 내가 힘이 들어도 거 참 똑같이 고생을 해도 뭐 고생을 했다, 뭐 힘들었겠다는 소리는 들을 수 있었지요"라고 하면서 말이다.

이씨는 자녀 교육에 특별한 관심을 기울였다. 농사일을 하면서 아이들 뒷바라지를 하였다. 논농사와 밭농사는 물론이고 버섯 재배 등을 하면서. 한 번은 동네의 할아버지가 막내딸을 가리키면서 "현미도 대학시킵니까?"라고 이씨에게 물은 적이 있었다. 이때 이씨는 "들어가면 시키지요"라고 하면서 아들딸 구별

14대 종부 예안이씨
(상주박물관, 『우복 정경세 14대 종부이야기』에서)

없이 자신의 능력에 따라 교육을 시켜야 한다는 생각을 갖고 열심히 뒷바라지를 하였다. 그러면서도 외지에 나가 자취를 하면서 고생한 아이들을 생각하면, "신경을 뭐 특별히 썼다고도 할 수도 없고 그렇지요"라고 하면서 미안해한다.

이씨는 며느리를 대구 백불암百弗庵 최흥원崔興遠(1705~1786)의 후손인 경주 최씨로 보았다. 1994년 10월 9일이었다. 이 때문에 어느 인터뷰에서 이씨는 "백불암 손녀가 우복 선조의 6대손인 입재 할뱀의 따님이십니다. 그래서 그 어른의 8대손인 춘목이(지금의 종손)는 제 댁과 촌수로는 16촌인 셈이지요"라고 하였던 것이다. 이로써 우리는 두 가문의 세의世誼를 알 수 있다. 이씨는 며느리에게 "될 수 있으면 니 해 남 마이(많이) 주고 살아라"라고 하면서 베풂을 강조한다. 종부로서 혹은 맏며느리로서 가지는 넉넉함을 강조한 것일 터이다.

2012년 3월 24일, 나와 함께 경북대 종가연구팀에서 우복종가를 방문하여 인터뷰를 했다. 이때 우리 연구팀에서, "제가 종손 어른들 뵙고 다니니까, '내 종손인 덕분에 내 동생은 마이 서러웠지~' 인제 그런 말씀들 많이 하시더라고요"라고 하면서, 자녀들 가운데 종손에게 불만을 가진 부분은 없는가를 물었다. 이씨는 "예, 그거는 내가 다 퍼 준다 그래도 지 동생 다 퍼 준다 그래도 말 하는 사람 아니고요, 지 동생도 참 형님은 부모 곁이 알고 예, 잘 지냅니다. 그거는 고맙게 생각하고 있어요"라고 하면서, 형제의 우애를 감사하게 생각했다.

　　요즘 이씨는 손자 손녀를 보면 즐겁다. 이들에게 항상 "너거는(너희는) 참 조상한테 누가 되지 않는 삶을 살아라"라고 하면서 우복이나 입재 같은 훌륭한 조상에게 누가 되지 않는 그러한 삶을 살기를 당부한다. 특히 우애를 강조한다. 그리고 웃으면서 "내 손자 얘기 하나 할게요"라며 다음과 같은 재미있는 일화 하나를 들려주었다.

　　　작은집 손자가 지금 중, 초등학교 2학년짜리가 있는데요,……
　　　음력설에 요번에 작은 아들하고 제주도를 같이 갔다 왔어요.
　　　그랬는데 저~ 식구하고 같이 갔는데, 하는 소리가 "할머니 우
　　　리도 음력으로 바꾸세요" 이래요, 가다가 하는 소리가. "왜?"
　　　이러이께네(이렇게 이야기하니), "내 친구 누구네도 은주네도

뭐 음력 쇠고 한데 우리만 쉬니까 그렇잖아요" 이래면서 바꾸래요. 그래, "내가 크면 바까야지(바꾸어야지)" 이러는 기라. 가가(그 애가) 하는 소리가. "안 바까(바뀌)" 이카니께네(이렇게 이야기하니), "내가 크면 바꿀래요." "니가 커서 못 바까. 바꾸는 거는 큰애비하고 상엽이만 바꿀 수 있어, 상엽이만 바꿀 수 있어, 할머니하고" 이카이께네. "왜요?" 이카디만(이렇게 이야기하더니만) "그러면요, 나는 결혼을 일찍 해 가지고요, 형아보다 아들을 먼저 놓을래요. 젤(제일) 큰형을 놓을래요."

양력설을 쇠는 우복종가, 여기서 들을 수 있는 흥미로운 이야기다. 이씨는 시아버지가 바꾼 양력설 쇠기를 지켜 가고자 한다. 그러나 둘째(基穆) 집 손자가 요즘 다시 음력설을 쇠는 집이 많아 친구들도 그렇게 하니 음력설을 쇠자고 조르고, 이씨는 이것을 바꿀 수 있는 사람은 종손과 다음에 종손이 될 맏손자 상엽想燁이라고 하였던 것이다. 이때 작은집 손자 석환釋煥은 자기가 장가를 일찍 들어 큰집 형보다 아이를 먼저 낳아, 아이들 가운데 가장 '큰형'을 만들어 자신의 뜻을 관철시키겠다고 했던 것이다. 이씨는 '어린 나이에 자기 딴에는 생각을 해 가지고'라고 하면서 웃는다. 그러면서 다시 우애를 강조한다.

14대 종부 예안이씨는 혼자 몸으로 우복종가를 지켜온 장본인이라고 해도 과언이 아니다. 평생 "이 집을 어떻게 붙드나?"라는 생각으로 살아왔다. 지금은 우복가를 지키는 사람으로서 이씨는, "내가 이런 이 자리에 안 오고 저 애들 사남매 데리고 혼자 됐다고 해도 맹 애들 데리고 살아야 될 건데, 거 뭐 내가 힘이 들어도, 거 참 똑같이 고생을 해도 뭐 고생을 했다, 뭐 힘 들었겠다 는 소리는 들을 수 있었지요"라고 하면서 지난날을 담담하게 회고한다. 오히려 보람으로 생각한다. 우리는 여기서 다시 한 번 조부가 이씨에게 남긴 말을 생각한다. "참아라!" "부지런해라!"

2. 15대 종손 정춘목

    우복의 15대 종손 정춘목鄭椿穆(1966년생)은 우산에서 태어났
다. 인근에 있는 우서초등학교에 5학년까지 다니다 대구로 가서
대구초등학교를 졸업했다. 협성중학교와 경북고등학교를 거쳐
영남대학교 농학과를 졸업했다. 제대를 한 후에 직장생활을 하
였으나 그 월급으로는 조상의 제사도 받들기 힘들겠다고 생각했
다. 그리하여 고향으로 내려와 조그마한 사업을 시작하여 오늘
에 이른다.

    그는 우복의 종손일 뿐만 아니라 상주 입향조 정의생의 부친
인 감찰어사監察御史 정택鄭澤의 주손이기도 하다. 상주에서 이렇
게 24대를 살며 내려왔던 것이다. 역대로 우복가는 통혼권을 통

해 강력한 인맥을 형성하고 있었다. 이러한 혼맥은 우복대에는 송준길을 사위로 맞이하여 기호지방으로 뻗어 가면서도, 영남을 대표하는 문중과 긴밀하게 관계를 맺었다.

15대 종손 정춘목(사진 「주간한국」)

　이러한 경향은 정춘목 대에도 나타났다. 정춘목의 외가는 안동의 예안이씨 우렁골이고, 진외가는 여헌 장현광의 후손인 남산파南山派 장씨였다. 그리고 외외가는 안동 전주류씨 박실(瓢谷), 고모는 퇴계종가의 종부가 되었다. 지금은 이미 고인이 되었지만, 현재의 퇴계 종손인 이근필李根必의 아내였던 것이다. 그리고 처가는 앞서 말한 대로 대구 옻골의 백불암 댁으로 경주최씨이다.

　우선 종손에게 종손으로서의 책임감을 물어보았다. 그는 '반듯한 삶을 사는 것'이라고 대답했다. '현조顯祖를 모셨으니까 좀 반듯하게 살아야 된다, 그런 생각을 하고' 산다고 했다. 기본적인 삶의 태도를 말한 것이라 하겠다. 이것은 사실 책임감이기도 하고 부담감이기도 하다. 이 때문에 그는 웃으면서, "종손이,

내가 뭐, 이 집에 살게 된 게 행운이고,…… 근데 인제 사실은 장점보다는 단점이 훨씬 많지요. 남 이목, 눈에 드러나 있으니까 행동하는 것도 조심스럽고"라고 하였다. 솔직한 말이다.

종손의 조부는 다른 종가에 비해 빨리 개명을 하여 양력설을 쇠고 또한 손자들에게 한문공부를 강요하지 않았다. 종손은 이것이 잘 이해되지 않는 점이라고 하였으나, 맏손자에게는 항상 특별 대우를 하였다. '제사 지내야 될 놈'이라고 하면서 말이다. 이 때문에 종손은 "그래 가지고 뭐 하여튼 제가 하고자 했던 것은 거의 다 들어주셨어요. 우리 할배가 하여튼 그런 분이셨죠. 저한테는 편애가 심하신 어른이셨죠. 우리 동생들이나 삼촌들이 볼 때 나만 이뻐하신다고"라고 하면서 웃기도 했다. 이야기가 이렇게 진행되자 옆에 있던 종손의 자당 이씨가 관련 이야기를 다음과 같이 들려주기도 했다.

그거는(그것은) 우리 작은 놈도 해요. 하는 소리가 먹을 게 있으만 할아버지가 얘(정춘목을 말함)를 갖다주서요, 그 심부름은 개(정기목)를 시키요. 더 적은 게 하는 거보다 큰 게 하는 게 심부름을 하는 게 맞는데. 밤에도 뭐 화장실 가신다 하면은 할아버지 손을 잡고 이래, 옛날에는 밖에 화장실이 있고 하다 보이께네, 이래 손을 잡아 드리고 이래면, 손자 둘을 데리고 주무시다가 보만 작은 놈을 데리고 가시는 거 같아요. 그래가주고 아

침상을 들고서는 "아뱀요, 춘목이 됐다 뭐 하실랍니까?' 물어
내가. 거 가, 내가 생각하기에 야는 아까워서 못 깨와, 자는 게
곤하게 자니까 아까워 못 깨우고, 하시는데, "가는 둘고(데리
고) 가도 모른다, 야는 잠이 곤해서 둘고 가도 모르기 때문에
못 깨우고, 야는 일나기(일어나기) 때문에 깨운다." (웃음)

이것은 분명 손자를 차별한 것인데, 우리나라 가정에서 흔히
볼 수 있는 것도 사실이다. 특히 적장자嫡長子를 강조하는 종가에
서는 더욱 그럴 법하다. 우리는 여기서 우복가에서도 한국 전통
종가의 일반적인 정서가 발견되고 있음을 알 수 있다. 그러나 아
버지는 다를 수 있다. 장자와는 다소의 거리를 두고, 그 표면적인
관심과 사랑을 둘째 아들에게 드러내는 경우가 있기 때문이다.
즉 장자에 대해서는 사랑을 절제한다면, 둘째에게는 표면화시킨
다는 것이다. 이 부분에 대해서 종손은 이렇게 이야기했다.

우리 아부지(아버지)요? 하하하, 전형적인 영남 사람이지요. 그
렇게 보수적이시지도 않으싯고(않으셨고)…… 우리 아부지는
저희들 매 대고 이러시지 않으셨어요. 아주 그 저 한 번도 맞아
본 적이 없어요, 아부지한테, 그리고 뭐 사람 사귀는 거(것) 잘
하셨고 온화한 편이셨어요. 〈가정적이셨고요?〉 예, 예 〈아버
님께서 어릴 때 이야기도 많이 해 주셨는지요?〉 어릴 때 저보

다는 제 아우를 더 이뻐하셨고, 보통 일반적으로 그래요. 장남
은 뭐 좀 이래 속정으로 이야기하는 거지(것이지) 겉으로 표시
안 하고, 제 아우는 매일 잘 데리고 다니셨는데 제는 잘 그러지
는 않았어요.

종손은 선친에 대하여 위와 같이 기억하고 있었다. '전형적
인 영남 사람', '사람 사귀기 좋아하신 분', '온화하신 분', '속정
이 깊은 분'이라는 것이다. 속정이 깊은 분이기 때문에, 그것이
종손에게 바로 전달되지는 않았지만 알 수 있었다. 이 역시 영남
의 종가, 조금 확장하면 우리의 전통 가정에서 보편적으로 있어
왔던 현상이다. 그러나 종손이 10세 되는 해 아버지는 세상을 떠
나고, 큰집을 어머니 혼자 맡아 꾸려 나가야만 했다.

종손은 어머니 예안이씨에 대해서는 '강하신 분', '영민한
분', '합리적인 분'으로 생각한다. 혼자 된 몸으로 큰집을 지키
면서 4남매가 대학을 마칠 때까지 뒷바라지를 하였을 뿐만 아니
라, 기억력이 비상하시다고 했다. 그리고 유일하게 자신에게 '매
를 댄 분'이라고 하면서, 자녀 교육에 특별한 관심을 가졌다고
했다. 그리고 그는, "우리 어머니가 무척 고생하셨기 때문에, 우
리 4남매들이 다 삐뚤게 커서는 안 되겠다 카는 생각을 하고 살
았는 것 같애요"라고 했다. 어머니에 대한 무한한 사랑과 존경심
을 표하면서 말이다.

출주하는 종손 정춘목

　종가에서의 '봉제사奉祭祀'는 매우 중요한 요소이다. 종가를
지키는 대표적인 축이 바로 이것이기 때문이다. 종손 역시 제사
의 중요성을 인식하면서 제사 지낼 수 있는 여건이라도 되니 다
행스럽다고 했다. 종손은 종가에서의 제사를 '일상'이라 생각한
다. 종손으로서의 책무를 말한 것이다. '접빈객接賓客'도 종가를
유지하는 매우 중요한 요소이다. 종손은 이에 대해서도 현재 상
황에 만족하면서 감사한 마음을 갖고 있었다. 우리 연구팀에서,
종손으로서의 의미 있는 일, 뜻 깊은 일에 대한 질문을 하자 그는

다음과 같이 답변했다.

뭐 그런 일, 인제 잘 있겠어요, 그냥 우리가 하는 일상이지. 제
사, 제사, 다른 집하고 다른 거는 제사 지내는 거 아입니꺼(아
닙니까)? 손님 좀 더 치고(치르고) 제사 지내고 그기지(그것이
지). 그기지 뭐, 그런데 뭐 그런 일 할 수 있는 여건이 됐다는
거만(것만) 해도 행복하고, 만약에, 뭐 참말 아무 것도 없어 가
주고 차茶라도 한 잔 못 내고 할 정도면 그런데. 뭐 그건 아니
었으니까. 엄마는 뭐 사실 때 더 힘들게 사셨겠지만……

여기서 보듯이 그것은 종손의 일상으로, '제사'와 '차 대접'
이다. 앞의 것은 여타의 집에 비해 종가에서만 특별한 '봉제사'
를 의미하고, 뒤의 것은 손님들이 왔을 때의 '접빈객'을 의미한
다. 여기서도 그는 어머니 때의 어려웠던 점을 떠올리면서, 조금
은 환경이 좋아진 것에 대해 다행스럽게 생각한다고 했다. 올해
중학교 3학년에 재학 중인 아들 상엽이도 종손으로서의 제사와
그 의미를 어렴풋이나마 이해하고 있는 듯하다고 했다. "할머니,
나는 제사를 지내고도 살고 싶고요"라고 하면서 말이다.

그러나 종손은 봉제사나 접빈객을 중심으로 한 종가문화를
경직되게 고집하지는 않았다. 시대의 변화에 능동적으로 대처하
기 위함이다. 순리대로, 시대의 흐름대로 살아가야 한다는 그의

생각을 여기에서 읽을 수 있다. 사실 많은 종손들은 지켜 가는 것에 너무 방점을 두어, 그 지켜 가는 것이 경직으로 흐르기도 한다. 이것으로는 전통의 창조적 계승이 될 수 없으며, 또한 전통을 전통 안으로 고립시켜 이에 대한 생명력을 스스로 잃게 하고 만다. 이에 대하여 종손은 이렇게 말한다.

> 절차라든가 이런 걸 생략 안 하더라도 제일 많이 힘들어하는 것이 음식 장만하는 거니까, 익히고 하는 일들이 하루 왠종일 해야 되잖아요. 그래서 그런 부분들은 좀 변화가 있어야 되지 않겠나 그렇게 봐요. 그라고 앞으로 그렇게 할 생각이고, 그라고 인제 우리 큰제사 우복 할아버지 제사만큼은 제사 원형을 좀 지키고, 그거는 여러 사람들이 참여할 수 있는 동기도 부여할 수 있고 하니까, 그래서 우리 제사의 원형은 이거고 여기서 변형은 이거고 그런 식으로 가야 되지 않겠나, 기제사들은 좀 이래 쉽게…… 내용은 담아내고 형식은 조금 변화를 줄 필요가 있다는 생각이 들어요.

종손은 불천위 우복의 제사는 지켜 가야 한다고 보았다. 그러나 절차나 음식, 그리고 여타의 기제사는 변화될 수 있다고 보았다. 또 그렇게 되어야 한다고 했다. 여기서 우리는 종손이 가진 변화와 불변에 대한 어떤 유연성을 확인하게 된다. 우복종가는 우복을 중심으로 형성된 것이므로 이에 대한 제사는 불변에 두지만, 여타의 제사에 대해서는 시대에 능동적으로 대처하는 유연성을 보이자는 것이다. '내용은 담아내고 형식은 조금 변화'를 주는 방향으로 이는 성취할 수 있다고 했다. 방법론을 제시한 셈이다. 그리고 다음에 종손이 될 그의 아들에 대해서도 이렇게 생각하고 있다.

> 일단은 뭐 이기(이렇게 사는 것이) 내가 이런 시대에 마지막이 될 수도 있고. 〈아, 그런 생각을 하시는 거예요?〉 이제 뭐 세상이 이래(이렇게) 됐는데 우리 아가(아이가) 미국 가가(가서) 살지, 뭐 어데 가(가서) 살지 어떻게 압니까? 그런데 가(그 애)한테 이걸 뭐 어떻게 해라. 종손이, 종손은 직업은 아이(아니)잖아요? 생활인데, 그래서 뭐 자꾸 우리가 그런(그렇게) 매몰되고 하면은 더 복잡해질 거(것) 같아요. 그리고 예전에는 뭐 토지가 경제적 기반이었지만 이제 그런 시대도 아니고.

여기서도 시대적 변화와 이에 따른 생활방식의 상이성을 민감하게 느끼고 있다. 종손은 직업을 갖고 생활을 해야 하는 상황에서 종손 되기만을 강요할 수가 없는 것이 '현실'이라는 것을 강조한다. 그러니까 종가문화의 보존과 계승이 '이상'이기는 하지만, 현실적 측면에서 볼 때 한계가 있을 수밖에 없다는 솔직한 심정을 토로한 것이다. 우리는 여기서 종가문화가 한국문화를 형성하는 중요한 요소라는 것을 인정한다면, 이를 지켜 나가는 데 국가적 측면의 고려가 필요하다는 생각도 해 보게 된다.

그러나 종손은 종가를 지켜 가야 하기 때문에 고민이 아닐 수 없다고 했다. 제사의 경우는 더욱 그러하다. 참사자參祀者가 줄어들 뿐만 아니라 그나마 오시는 분도 젊은 사람이 거의 없기 때문이다. "우리도 특별히 뭐라고 말할 수 없는 거(것이)지만은 어떤 정서들이 이렇게 흘러가는데, 그런 것들이 인제 그런 것들이 자꾸 단절된다고 봐야 되겠죠, 좀 안타깝고. 그렇다고 강요할 수 있는 것은 아이고(아니고)"라는 종손의 말 속에 문화 단절에 대한 어떤 안타까움도 읽게 된다.

종손과 이야기를 나누면 우리 시대 종손의 자부심과 고민과 연민이 복합적으로 느껴진다. 그리고 전통의 미래가 함께 생각되기도 한다. 지켜 가야 할 것과 바꿔 가야 할 것이 동시에 존재하고, 변화되어 가는 사회 환경 속에 종가를 비롯한 우리의 문화는 또 어떻게 자리해야 하는가 하는 문제까지 떠오른다. 그 가운데 우리는 종손이 종가에 대대로 내려오던 목판이나 문적을 한국국학진흥원이나 한국학중앙연구원에 기탁한 것을 주목한다. 종가나 이에 따른 문화가 어느 한 개인의 전유물이 아니라는 것을 종손 스스로 인식한 결과이다. 따라서 우리의 전통문화는 여전히 미래의 것이 될 수 있는 것이다.

참고문헌

경상북도 · 경북대 영남문화연구원 편, 『경상북도 종가문화 연구』, 경상북
　　　도 · 경북대 영남문화연구원, 2010.
권태을 외, 『존애원지存愛院誌』, 상주존애원, 2007.
상주박물관 편, 『우복 정경세 14대 종부이야기-산수헌에서 우복 종부를
　　　만나다』, 상주박물관, 2011.
우복선생기념사업회, 『우복정경세선생연구』, 태학사, 1996.
윤천근, 『실천적 예학자 정경세』, 한국국학진흥원, 2007.
정　관, 『우복선생愚伏先生과 우산愚山』, 우복선생기념사업회, 2006.
정선용, 『국역 우복집』(전6권), 민족문화추진회, 2005.
정우락, 『영남의 큰집, 안동 퇴계 이황 종가』, 예문서원, 2011.
진주정씨 종중 편, 『진양정씨족보』(건 · 곤), 진양정씨 종중, 1992.
한국정신문화연구원 장서각 편, 『선비가의 학문과 벼슬』, 한국정신문화연
　　　구원, 2004.
한국정신문화연구원 편, 『고문서집성』 88, 한국정신문화연구원, 2008.
한국학중앙연구원 장서각 편, 『진주정씨 우복종택 기탁전적』, 한국학중앙
　　　연구원, 2006.
　　　　　　　　　　　, 『우복 정경세』, 한국학중앙연구원, 2011.
한기문 등, 『존애원存愛院』, 상주대학교 상주문화연구소, 2005.

김학수, 「정경세의 『우복선생시장愚伏先生諡狀』」, 『고문서연구』 20, 한국
　　　고문서학회, 2002.
우인수, 「우복 정경세의 정치사회적 위상과 현실대응」, 『퇴계학과 유교문
　　　화』 49, 경북대 퇴계연구소, 2011.
정명섭, 「상주 계정溪亭과 대산루對山樓의 건축적 특성」, 『상주문화연구』
　　　17, 상주대학교 상주문화연구소, 2007.